湖北省数字出版专项基金资助项目

面向对象的模拟地震振动台试验数据管理及教学平台

谢丽宇　卢文胜　著

U0345647

武汉理工大学出版社

·武汉·

图书在版编目(CIP)数据

面向对象的模拟地震振动台试验数据管理及教学平台 / 谢丽宇,卢文胜著. —武汉:武汉理工大学出版社,2019.10
ISBN 978-7-5629-6185-7

Ⅰ.①面… Ⅱ.①谢… ②卢… Ⅲ.①地震模拟试验-研究 Ⅳ.①P315.8

中国版本图书馆 CIP 数据核字(2019)第 234213 号

项目负责人:高 英   责任编辑:高 英

责 任 校 对:张明华   版面设计:正风图文

出 版 发 行:武汉理工大学出版社

地 址:武汉市洪山区珞狮路 122 号

邮 编:430070

网 址:http://www.wutp.com.cn

经 销:各地新华书店

印 刷:湖北恒泰印务有限公司

开 本:787×1092 1/16

印 张:6.5

字 数:158 千字

版 次:2019 年 10 月第 1 版

印 次:2019 年 10 月第 1 次印刷

定 价:68.00 元

前　言　Preface

在传感技术普遍化、通信技术高速化、信息存储和应用云端化的背景下，大数据技术引起了行业应用和研究领域里思维范式的转变，它的推广和应用已经成为国家战略的一个部分，结合人工智能等学科的发展，可以产生新的创新、竞争和前沿的生产力，给包括土木工程在内的各个学科带来了新的发展机遇。

结构模拟地震振动台试验是研究结构抗震性能的最重要和最直接的手段，通过结构模型（或足尺结构）的抗震试验，可以考察和评估结构在地震作用下的抗震性能，发展韧性结构和韧性城市的前沿技术。结构地震模拟振动台试验能够产生大量的数据。但是由于试验常常局限于一个项目或者研究机构，而且数据来源复杂、数据结构各异、形式多样，致使数据很难在更大范围内分享，常形成很多的信息孤岛，难以充分挖掘结构模拟地震振动台试验大数据的内在价值。

为了解决数据形式多样和结构各异的问题，本书采用了元数据概念对数据进行描述，也就是定义了面向对象的结构地震模拟振动台试验数据结构，对信息进行数据标准化处理，包括语义的描述、规则的描述、方法的描述等。通过这样一种数据标准化，可以使数据结构本身就包含自我解释的信息，具有规则性，能够以最小的代价进行数据的分享和处理。再通过数据存储和处理的云端化，建立模拟地震振动台试验数据管理及教学平台，将振动台试验中获得的数据网络化，一方面可以使数据的可重复利用，积累同类结构的实验数据，另一方面也可提升结构抗震等课程的教学效果。

模拟地震振动台试验数据管理及教学平台可共享振动台完成的试验项目，将结构的情况和振动台试验响应的时程、图像等数据以结构化的数据格式保存在数据库中，可通过网络远程访问、共享；数据后处理应用程序则可进行数据异常检测、结构模态分析、数据同步性检测等，对振动台试验的响应数据进行处理，计算结果以图像、图表的形式返回至客户端。通过振动台试验数据的处理，结合对振动台实验室的参观和学习，学生可以很直观地了解振动台试验的方法、目的、试验过程和最后的数据处理，在教学平台之上完成整个项目的操作和学习，可以掌握振动台试验设计的一般原则、概念和方法，具有制订和实施一般试验方案的初步能力。

本书采用了数据标准化和应用云端化，尝试了将大数据技术应用于结构地震模拟振动台试验数据的存储和分享，并应用于模拟地震振动台试验的教学中，取得了初步的成果，也为下一步开展基于大数据的土木工程实践提供了思维范式和技术框架。

目　录　Contents

1 概述 1

　1.1 背景 1

　　1.1.1 NEEShub 2

　　1.1.2 Center for Engineering Strong Motion Data 3

　　1.1.3 基于云存储的高层建筑结构数据中心 3

　1.2 项目简介 5

　1.3 建设目标 6

2 技术及功能架构 7

　2.1 SSM 架构介绍 7

　2.2 WEB 平台 8

　2.3 MySQL 8

　2.4 MATLAB 的应用 9

　2.5 前端技术应用 9

　2.6 功能介绍 11

　　2.6.1 功能架构 11

　　2.6.2 功能列表 12

3 面向对象的数据结构及应用 14

　3.1 面向对象的设计框架 14

　3.2 数据字典 18

　3.3 创建对象 21

　3.4 对象的分析方法 22

4 面向对象的模态分析方法 25

　4.1 子空间系统识别方法 25

　　4.1.1 投影理论 25

      4.1.2   状态空间矩阵的求解 ·· 26

      4.1.3   统一框架 ··· 32

  4.2 动力系统参数提取 ·· 33

5   操作手册 ·· 35

  5.1 登录操作 ·· 35

  5.2 用户管理操作 ·· 36

  5.3 试验信息查看 ·· 38

  5.4 试验数据管理 ·· 41

6   面向对象数据的案例 ·· 47

  6.1 模型概述 ·· 47

      6.1.1   几何尺寸 ··· 47

      6.1.2   材料及构件信息 ··· 48

  6.2 有限元模型理论模态分析结果 ·································· 48

      6.2.1   固有频率和周期 ··· 48

      6.2.2   各阶模态各方向的质量参与比 ································· 49

      6.2.3   有限元分析模态 ··· 49

  6.3 时程分析 ·· 51

      6.3.1   工况1:白噪声激励 ··· 51

      6.3.2   工况2:地震波激励 ··· 51

      6.3.3   响应通道 ··· 52

  6.4 运行模态分析(FDD) ··· 53

      6.4.1   固有频率识别结果 ··· 54

      6.4.2   振型识别结果 ··· 54

      6.4.3   阻尼比识别结果 ··· 56

  6.5 试验模态分析(SSID) ·· 56

      6.5.1   固有频率识别结果 ··· 56

      6.5.2   振型识别结果 ··· 57

      6.5.3   阻尼比识别结果 ··· 58

7   相关程序 ·· 59

  7.1 创建输入对象 ·· 59

      7.1.1   创建试验对象 ··· 59

      7.1.2   创建模型对象 ··· 61

      7.1.3   创建工况对象 ··· 62

7.1.4 创建通道对象 ……………………………………………… 63

7.1.5 创建对象执行程序 ……………………………………… 64

7.2 频域分析方法 ……………………………………………………… 67

7.2.1 自谱分析 ………………………………………………… 67

7.2.2 互谱分析 ………………………………………………… 69

7.2.3 频响函数分析 …………………………………………… 72

7.2.4 相干函数分析 …………………………………………… 75

7.2.5 试验模态分析：随机子空间方法 ……………………… 77

7.2.6 运行模态分析：频域空间域分析 ……………………… 78

7.3 创建输出对象 ……………………………………………………… 93

7.3.1 输出对象 ………………………………………………… 93

7.3.2 输出模态对象 …………………………………………… 94

7.3.3 输出方法对象 …………………………………………… 95

1 概 述

1.1 背 景

近年来,我国国民经济平稳快速发展,固定资产投资规模不断扩大,建筑行业得以迅猛发展。随着建筑技术水平的进步及社会需求的不断提高,建筑结构的数量越来越多、规模越来越大、形式越来越复杂。如图 1.1 所示,在 2012—2014 年期间建成的 200 m 以上的高层建筑数量分别为 22 座、37 座和 58 座,其中,位于上海市浦东新区的上海中心大厦,地上 124 层,塔顶建筑高度 632 m,结构屋顶高度 580 m,总建筑面积达 64 万 m^2,是中国第一、世界第二高楼;广州塔塔身主体 450 m,总高度 600 m,已经取代了加拿大的 CN

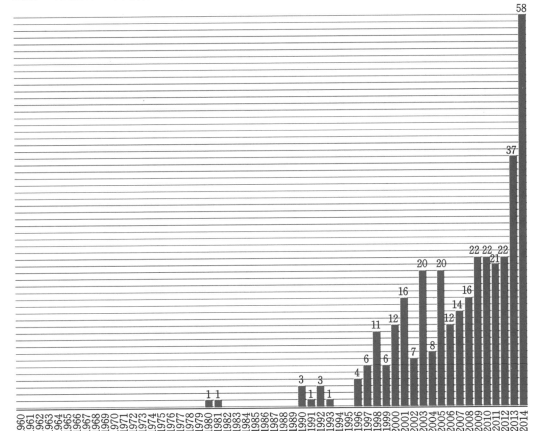

图 1.1 中国 200 m 以上高层建筑的建成数量(单位:座)

电视塔,成为世界第二高自立式电视塔。此外,我国还将建造一批高度超过 500 m 的超高层建筑和高耸结构。现代高层、超高层建筑多采用高强质轻的建筑材料,从而导致了结构的刚度不足,自振周期较长,阻尼较小,对风荷载作用较为敏感,加之在近百年的建筑结构运营期间,由于受各类环境的影响导致结构材料的逐渐老化以及受长期荷载作用导致结构材料的疲劳、突变效应等,引起结构局部损伤,承载力下降,严重时会引起结构坍塌。因此,高层、超高层建筑结构的安全问题越来越多地受到社会各界的关注。

在建筑结构全寿命设计当中,对既有结构的实际性能是否与设计性能相符这一问题,现有理论分析、数值分析及试验分析方法都无能为力。对这一问题的研究是结构全寿命设计研究中不可或缺的重要环节,对既有建筑结构进行实时监测则是这一研究的有效途径之一。高层建筑具有耗资巨大、结构形式复杂、工期长、使用年限长等特点,使得结构施工期间的误差控制,结构运营期间的安全性、适用性和耐久性要求更加严格,为了保证建筑结构正常运营,有必要对结构的性能和状态进行实时监测。对既有高层结构进行实时监测,可及时地反映结构在使用阶段的工作状态,如既有结构在地震、风荷载、温度变化等外力作用下结构的响应、重要构件的局部应力变化、阻尼器的工作性能及结构长期的徐变效应等。对既有建筑结构的研究不仅有利于加深我们对高层建筑结构的认识,亦对后继的高层结构设计具有参考借鉴的价值和实际指导的意义。

现有的结构监测系统多应用于大型的桥梁工程,在高层、超高层建筑结构中应用相对较少,且存在诸多的问题尚待解决,如高层结构监测系统标准的不完备,监测软件开发存在的重复性,数据及平台不共享等问题。实际上,国际上诸多网络数据库平台可为上述问题提供有效的解决途径,如 NEEShub、CESMD、ANSS 等国际强震数据库中心。

1.1.1 NEEShub

NEES(2004—2014)全称为 the George E. Brown, Jr. Network for Earthquake Engineering Simulation,是由美国国家基金会资助的国际化的地震工程研究、合作和教育平台。同时作为美国国家地震灾难减灾项目的一部分,NEES 致力于积极推进基础设施设计和施工的技术创新,将地震、海啸等带来的损害最小化。NEES 为地震工程研究人员提供了 14 个具有独特功能的实验室及其网络合作平台(NEEShub),提供包括土工离心机研究、振动台试验、大尺度结构试验、海啸波浪水池试验及场地试验等服务。NEES 是一个国际化的自然灾害研究平台,在项目运行的十年间,NEES 实验室为全球近 210 个国家的数以万计的研究人员提供过研究服务。在 NEES 项目运行当中,NEEShub 扮演了重要的平台角色,并发挥了不可替代的作用。NEEShub 是 NEES 信息基础建设部分,是一个为研究人员共同协作而创建的平台,如图 1.2 所示。NEEShub 由计算系统、数据、信息资源、数值化的试验设施、虚拟化合作的团队及可交互的软件服务等六个方面组成。在数据方面,NEEShub 存储并公开提供了有关地震工程的研究数据,包含 NEES 所有传统项目的试验数据及结果信息,亦称为项目仓库(the Project Warehouse)。NEEShub 通过网络连接了 14 个实验室及其试验设备,并为远程研究人员提供了在线试验过程的服务,远程研究人员可通过该平台实现观看试验过程和存储数据等功能。此外,NEEShub平台还提供了安全的可交互的软件服务功能,NEEShub研究人员无须下载、安装相关的分析软件,仅须通过网络,以网页调用NEEShub平台软件的方式,实现相应的数据分析功能,最后通过网络将数据分析结果以网页的方式返回给研究人员,使研究工作更加便捷和高效。

图1.2　NEEShub:一个面向研究、协调和教育的平台

1.1.2　Center for Engineering Strong Motion Data

Center for Engineering Strong Motion Data(CESMD)是由美国国家地质勘查局和加利福尼亚地质勘查局共同创办的工程强震数据中心,其进入界面如图1.3所示。CESMD数据来源于加利福尼亚强震监测计划、美国国家强震项目以及美国国家地震系统项目。CESMD旨在为实际的地震工程应用分析提供原始的和经过处理的可靠的强震数据,且数据是公开的、实时共享的;具有各监测基站的地震震动加速度、速度及位移的可视化图形显示功能,并对地震加速度提供了简单的频谱分析功能,如图1.4所示。

1.1.3　基于云存储的高层建筑结构数据中心

不论是NEEShub平台,还是CESMD等国际强震数据库中心,均是通过互联网数据平台技术实现对已有数据的共享,并提供了远程数据分析功能,实现了数据的交互,不仅为地震工程研究工作带来了便捷,也提高了研究人员的工作效率。

针对现有高层结构监测系统数据不共享、平台重复开发等问题,借鉴国外网络数据库平台的功能模式,如NEEShub平台、CESMD平台,同济大学提出了基于云存储的高层建筑结构数据中心的构想。基于云存储的高层建筑结构数据中心是通过无线或有线的数据采集方式,将结构响应的时程、图像等数据,利用网络传输实现监测数据的云存储和共享,

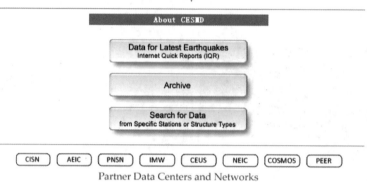

图 1.3　CESMD 的进入界面

并结合用户制订的数据处理的方案进行云计算,最后通过网络传输将分析结果发送给客户端,满足客户的需求。在该方案的研究中,拟提出一套完整的结构监测数据传输、存储、整合及应用服务的标准模块,并通过互联网平台,实现已有的振动台试验数据、实时采集的高层结构监测数据及数据后处理应用服务等资源的共享。与现有的高层结构监测系统不同,基于云存储的高层结构监测中心,实现了数据采集方式的无线化、低成本化和标准化;提供的应用层服务避免了监测软件开发的重复性;围绕这一数据库平台可进行高层结构研究不同方向研究人员的联合和交流,提升凝聚力、创造力;基于对大数据的数据挖掘有助于加深对高层结构的认知,并反馈于结构设计和分析。

该数据平台与传统的结构健康监测系统和数据中心的区别在于:

(1)数据共享,使某次试验数据或监测的数据不再成为信息孤岛,可实现同一类型结构的数据共享,以方便进行比较研究、统计分析。

(2)平台共享,增强数据平台的通用性,可避免重复开发软件平台,提高数据平台的使用效率。

(3)应用共享,提供通用的数据分析方法,可批量地处理数据,增加应用的可定制化,使更多的研究者能增加相应的算法。

(4)该数据平台以研究为目的,通过数据的积累,记录结构在风荷载、地震荷载下的性能,反馈于结构设计、分析及实际结构的性能评估。

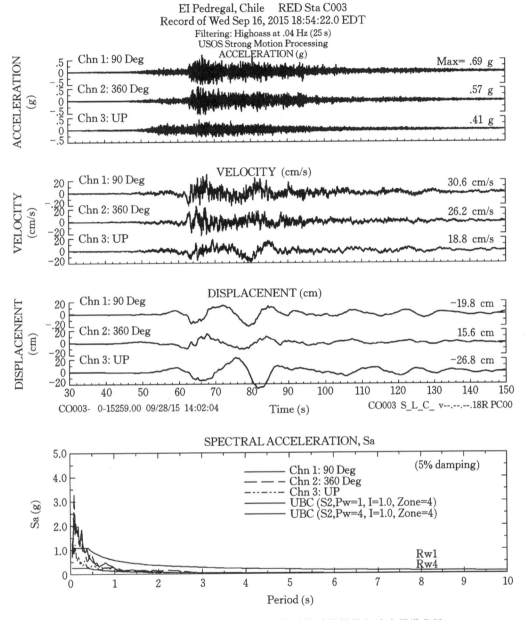

图 1.4　EI Pedregal of Chile 基站观测的地震动数据及加速度频谱分析

1.2　项目简介

　　结构地震模拟振动台试验是研究结构抗震性能的最重要和最直接的手段,通过结构模型(或足尺结构)的抗震试验,可以考察和评估结构在地震作用下的抗震性能。但是地震模拟振动台试验从完整的试验设计、模型制作、模拟振动实施过程、数据处理到最后的试验报告的完成,工作量大、周期长、试验费用昂贵,学生很难对一个项目进行完整的跟踪,更不用说进行实际操作了,因此,结构防灾试验的教学效果会受到影响。

本项目主要是建设基于网络的模拟振动台数据中心,将振动台试验中获得的数据网络化,一方面,可以实现数据的可重复利用,积累同类结构的试验数据;另一方面,也可提升结构抗震课程的教学效果,并为基于云存储的高层建筑结构数据中心提供技术框架和经验。

为了让学生能够全面地了解模拟振动台试验的基本知识和实施过程,同时也为了降低实施过程中的费用问题,便有了本书提出的地震模拟振动台的虚拟实验室。虚拟实验室由数据库和数据后处理应用程序组成。数据库中可共享振动台完成的试验项目,将结构的情况和振动台试验响应的时程、图像等数据以结构化的数据格式保存在数据库中,可通过网络远程访问、共享;数据后处理应用程序则可进行数据异常检测、结构模态分析、数据同步性检测、结构性能评估等功能,对振动台试验的响应数据进行处理,计算结果以图像、图表的形式返回至客户端。

通过虚拟振动台的操作,结合对振动台实验室的参观和学习,学生可以很直观地了解振动台试验的方法与目的、试验过程和最后的数据处理,可以在虚拟振动台上完成整个项目的操作和学习,可以掌握结构试验设计的一般原则、概念和方法,具有制订和实施一般结构试验方案的初步能力。

本项目提出的振动台虚拟实验室的数字化教学,立足于试验教学建设和改革,通过试验教学改革,可降低学生参与试验的成本,大大提高教学效率,推动试验教学水平跨上一个新台阶。

1.3 建 设 目 标

采用虚拟振动台的试验教学方法,学生可以在振动台数据库中选择某一项目已完成的振动台试验,针对该项目进行学习。首先了解该项目的情况、结构特点、背景等,了解该项目的前期准备和试验设计,理解如何进行缩尺模型的设计和选择模型的参数;根据共享的响应数据,了解试验过程的加载工况及相关的意义,对各工况的响应数据进行频谱分析、模态分析等,并对结构的性能进行评估;最后,根据项目的情况对试验的结果进行分析,撰写研究报告。在项目进展过程中,需要结合实验室的现场参观,熟悉振动台试验设备和数据采集,了解模型的制作过程等相关内容,获得振动台试验直观的认识。

2 技术及功能架构

　　基于云存储的模拟地震振动台试验数据中心最终由四个重要的部分组成:数据采集层、数据传输层、云存储和云计算层以及应用层(图 2.1)。其中,数据采集层即对高层结构响应的时程、图像等各类数据进行收集整合以供传输;数据传输层可通过有线或无线的传输方式实现监测数据的网络传输;云存储和云计算层实现监测数据的网络共享及云端分析;应用层则可进行数据异常检测、结构模态分析、结构非线性程度分析、舒适度评估、结构系统识别及结构性能评估等。在目前数据中心发展的初级阶段,以发展云存储和云计算层以及应用层这两个部分为主要任务。采用的技术方案如下所述。

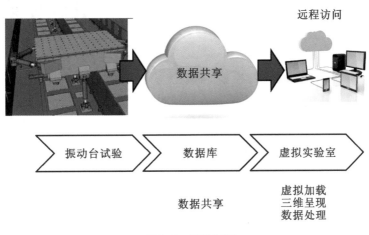

图 2.1　系统框架

2.1　SSM 架构介绍

　　SSM(Spring＋Spring MVC＋MyBatis)由 Spring、Spring MVC、MyBatis 三个开源框架整合而成,常作为数据源较简单的 WEB 项目的框架。Spring 是于 2003 年兴起的一个轻量级的 Java 开发框架,由 Rod Johnson 在其著作 *Expert One-On-One J2EE Development and Design* 中阐述的部分理念和原型衍生而来。它是为解决企业应用开发的复杂性而创建的。Spring 使用基本的 JavaBean 来完成以前只可能由 EJB 完成的事情。然而,Spring 的用途不仅限于服务器端的开发。从简单性、可测试性和松耦合的角度而言,任何 Java 应用都可以从 Spring 中受益。简单来说,Spring 是一个轻量级的控制反转(IoC)和面向切面(AOP)的容器框架。Spring MVC 属于 Spring Frame Work 的后续产品,已经融合在 Spring Web Flow 里面。Spring MVC 分离了控制器、模型对象、分

派器以及处理程序对象的角色,这种分离让它们更容易进行定制。MyBatis 本是 apache
的一个开源项目 iBatis,2010 年这个项目由 apache software foundation 迁移到了 google
code,并且改名为 MyBatis。MyBatis 是一个基于 Java 的持久层框架,包括 SQL Maps 和
Data Access Objects(DAO)。MyBatis 使用简单的 XML 或注解用于配置和原始映射,将
接口和 Java 的 POJOs(Plain Old Java Objects,普通的 Java 对象)映射成数据库中的
记录。

    SSM 具体执行的过程如图 2.2 所示,客户端发送请求到 Dispatcher Servlet(前端控
制器),由 Dispatcher Servlet 控制器查询 Hander Mapping,找到处理请求的 Controller
(处理器/控制器),Controller 调用业务逻辑处理后,返回 Model And View,用 Dispatcher
Servlet 查询视图解析器,找到 Model And View 指定的视图,由视图负责将结果显示到客
户端。

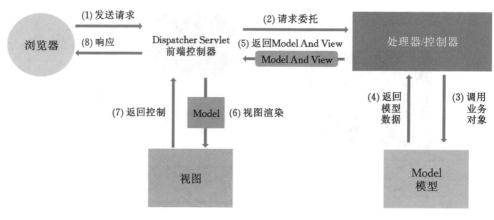

图 2.2　SSM 的执行过程

2.2　WEB 平台

    WEB 平台主要涉及网站界面设计、服务器端服务程序及数据交互环境等问题,主要
的 WEB 服务器平台有 IIS、WebSphere、WebLogic、Apache、Tomcat 等,其中,Tomcat 服
务器是一个免费的开放源代码的 WEB 应用服务器,属于轻量级应用服务器,是开发和调
试 JSP /Servlet 程序的首选。WEB 平台是数据库及网络应用服务的载体和桥梁,用户的
需求服务是通过 WEB 平台与数据库、网络应用服务的交互操作共同协作实现的。

2.3　MySQL

    数据库方面的问题主要有数据结构规划、数据库编程及数据库连接等问题。数据结
构规划问题与数据存储的标准化有关;数据库编程主要涉及数据的查询、更新和计算等;
数据库的连接则主要是数据库与 WEB 平台的连接问题。不同的数据库类型与 WEB 平

台对应不同的数据库技术,主要的数据库类型包括层次型数据库、网络型数据库和关系型数据库等。商业应用中主要是关系数据库,如 Oracle、DB2、Sybase、SQL Server、Informix、MySQL 等,其中 MySQL 是最流行的关系型数据库管理系统。在 WEB 应用方面 MySQL 是最好的关系数据库管理系统应用软件之一。由于 MySQL 具有体积小、速度快、总体拥有成本低、是开放源码等特点,一般中小型网站的开发优先选择 MySQL 作为网站数据库。

2.4　MATLAB 的应用

MATLAB 是一个高级的矩阵/阵列语言,它包含控制语句、函数、数据结构、输入和输出以及面向对象编程等特点。用户可以在命令窗口中将输入语句与执行命令同步,也可以先编写好一个较大的复杂的应用程序(M 文件)后再一起运行。新版本的 MATLAB 语言是基于最为流行的 C++语言基础上的,因此,其语法特征与 C++语言极为相似,而且更加简单,更加符合科技人员对数学表达式的书写格式,更有利于非计算机专业的科技人员使用。而且这种语言可移植性好、可拓展性极强,这也是 MATLAB 语言能够深入科学研究及工程计算各个领域的重要原因。

MATLAB Builder JA 产品是 MATLAB 的延伸产品。利用 MATLAB Builder JA 产品,可以把 MATLAB 的代码转换成 C++/EXE/JAVA 等多种程序语言。因此,本项目主要采用把 MATLAB 程序编译成 JAVA CLASS 类,通过 WEB 平台调用,实现数据和方法共享。

2.5　前端技术应用

网络应用服务是指应用层服务器端提供的数据处理功能,涉及大量数据的逻辑运算及图形显示等功能。MATLAB 具有强大的数值计算、数值分析、算法开发和数据可视化等功能,并提供了两种不同的 MATLAB 网络应用开发平台:基于.NET 技术的网络应用开发和基于 JAVA 技术的网络应用开发,如图 2.3 所示。

不论是基于.NET 技术还是 JAVA 技术均需要将 MATLAB 程序进行相应的包装和编译,生成可供调用的归档文件。对于基于 JAVA 技术的网络应用开发,则需要通过 MATLAB Compiler 将 MATLAB 程序代码进行编译再封装成一个 JAVA 类,并打包成 JAR 包可供 Servlet 调用。新生成的 JAVA 类可在任意支持 JAVA 语言和 MATLAB 或 MATLAB 运行库的平台上运行,新生成的 JAR 包与 Servlet 结合则可实现 MATLAB 服务的远程调用功能及 MATLAB 网络应用开发。

Bootstrap 来自 Twitter,是目前很受欢迎的前端框架。Bootstrap 是基于 HTML、CSS、JavaScript 的,它简洁灵活,使得 Web 开发更加快捷。它由 Twitter 的设计师 Mark Otto 和 Jacob Thornton 合作开发,是一个 CSS/HTML 框架。Bootstrap 提供了 HTML 和 CSS 规范,它是由动态 CSS 语言 Less 写成。Bootstrap 一经推出后颇受欢迎,一直是

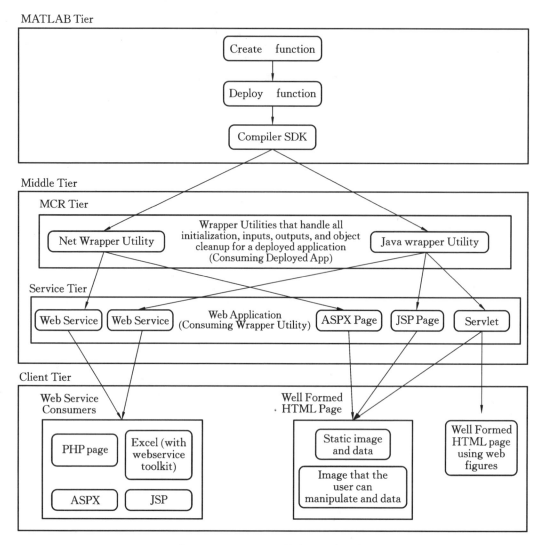

图 2.3　MATLAB 网络应用开发平台

GitHub 上的热门开源项目,包括 MSNBC(微软全国广播公司)的 Breaking News 都使用了该项目。国内一些移动开发者较为熟悉的框架,如 WeX5 前端开源框架等,也是基于 Bootstrap 源码进行性能优化而来。

　　jQuery 是一个快速、简洁的 JavaScript 框架,是继 Prototype 之后又一个优秀的 JavaScript 代码库(或 JavaScript 框架)。jQuery 设计的宗旨是"Write Less,Do More",即倡导写更少的代码,做更多的事情。它封装 JavaScript 常用的功能代码,提供一种简便的 JavaScript 设计模式,优化 HTML 文档操作、事件处理、动画设计和 Ajax 交互。

　　jQuery 的核心特性可以总结如下:具有独特的链式语法和短小清晰的多功能接口;具有高效灵活的 CSS 选择器,并且可对 CSS 选择器进行扩展;拥有便捷的插件扩展机制及丰富的插件。jQuery 兼容各种主流浏览器,如 IE 6.0＋、FF 1.5＋、Safari 2.0＋、

Opera 9.0＋等。

选择不同的数据库、WEB平台和MATLAB网络应用开发技术可组成多种数据库中心技术方案,基于对经济适用、灵活方便等方面的考虑,本项目选择的数据库中心技术方案为 Tomcat＋MySQL＋MATLAB,其中,MATLAB网络应用开发选择 JAVA 技术。数据库中心技术方案的工作原理:用户通过网页访问 Tomcat 服务器,提交服务需求,Tomcat 根据客户需求,调用相应的 Servlet 应用程序,Servlet 则根据客户指令调用并传递相应指令给数据库 MySQL,MySQL 根据指令搜寻相应的数据,并将数据传给 Servlet,Servlet 根据客户的服务需求,调用相应的 MATLAB 程序,并将计算结果以页面的形式返回给客户,进而满足客户的服务需求,如图 2.4 所示。

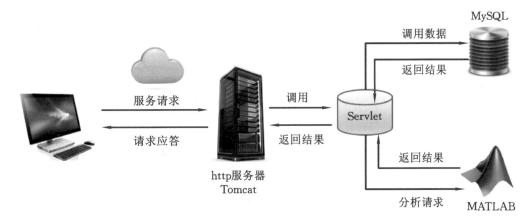

图 2.4　数据库中心技术方案

2.6　功 能 介 绍

2.6.1　功能架构

构建一个复杂的后台系统时,我们都会面临一个问题,那就是我们该如何安排系统的功能框架。此时,我们需要将该平台可视化的具体的产品功能,抽象成信息化、模块化、层次清晰的架构,并通过不同分层的交互关系、功能模块的组合、数据和信息的流转,来传递产品的业务流程、商业模式和设计思路。模拟地震振动台试验数据管理及教学平台是以信息的传递和应用作为设计功能框架的依据(图 2.5):

(1)基于数据层的存储格式,建立采用面向对象的数据格式,保存数据采集后的试验数据;

(2)建立分析层,这是基于数据的基本操作,如业务逻辑分析、权限控制分析和数据关联分析;

(3)最后一层是面向 WEB 应用的具体功能的实现,包括试验模拟呈现、试验数据管理和用户管理。

应用层	试验模拟呈现	试验数据管理	用户管理
	试验信息列表呈现 数据显示 频域分析 数据预处理 模态分析	试验信息增删改 工况信息增删改 通道信息增删改 通道数据增删改	用户登录与注册 用户密码修改和找回 用户资料更改 用户动态发布
分析层	业务逻辑分析		
	权限控制分析		
	数据关联分析		
数据层	用户数据 试验信息 工况信息 通道信息 通道数据 日志数据		时程图数据 频域分析数据 预处理数据 模态数据
	数据采集		MATLAB数据传递

图 2.5 功能架构

2.6.2 功能列表

模拟地震振动台试验数据管理及教学平台的具体功能如表 2.1 所示。

表 2.1 功能列表

序号	大类名称	模块功能	内容描述
1	试验信息	数据显示	选择通道信息,呈现时程图
		频域分析	选择通道信息,选择分析方法,呈现分析结果图
		数据预处理	选择通道,对数据进行预处理
		模态分析	对数据进行模态分析和呈现
		报告	呈现整体报告
2	数据管理	试验信息	试验信息的增/删/改/查
		工况信息	工况信息的增/删/改/查
		通道信息	通道信息的增/删/改/查
		通道数据	通道数据的文件导入

序号	大类名称	模块功能	内容描述
3	用户管理	用户登录	用户登录
		用户注册	权限识别,展示或使用相应的功能模块
		密码找回/修改	通过邮箱找回密码、修改密码
		资料修改	用户修改自己的资料
		日志管理	发布重要动态,如共享试验的增/删/改记录
4	权限管理	试验查看	所有用户可以使用共享试验和自己上传的试验。管理员可以查看与使用所有试验
		试验修改	所有用户只允许修改自己上传的试验信息。管理员可以修改所有试验数据

3 面向对象的数据结构及应用

在现实世界中存在的客体是问题域中的主角,所谓客体是指客观存在的对象实体和主观抽象的概念,它是人类观察问题和解决问题的主要目标。面向对象编程(Object Oriented Programming,OOP,面向对象程序设计)是一种计算机编程架构,是一种提供符号设计系统的面向对象的实现过程,它用非常接近实际领域术语的方法把系统构造成"现实世界"的对象。OOP 的计算机程序是由单个能够起到子程序作用的单元或对象组合而成。OOP 达到了软件工程的三个主要目标:重用性、灵活性和扩展性。为了实现整体运算,每个对象都能够接收信息、处理数据和向其他对象发送信息。面向对象的编程方法具有封装、继承、多态性等特性,大大提高了程序的易维护性、易复用性以及易扩展性。因此,本项目的数据采用了面向对象的数据结构形式。

MATLAB 语言的面向对象编程功能能够以比其他语言(例如 C++ 和 Java)更快的速度开发复杂的技术运算应用程序;可定义类并应用面向对象的标准设计模式,实现代码重用、继承、封装以及参考行为,无须费力执行其他语言所要求的整理工作。MATLAB 中的面向对象编程包括类定义文件,支持定义属性、方法和事件;具有参考行为的类,有助于创建链接的列表等数据结构;事件和侦听器,用来监视对象属性更改及操作。

3.1 面向对象的设计框架

模拟地震振动台试验数据管理及教学平台需要面对试验产生的大量数据,这些数据既有关于试验对象的属性特征,也有关于试验对象的模型特征,最大的数据量是在试验过程中产生的实时响应数据。采用面向对象的设计框架,需要综合考虑以上的数据特点。

作为试验来说,最基本的要素是关于试验对象的属性和特征,也就是你的试验对象是什么,这是符合工程人员的认知规律的。本平台面向对象的设计框架正是以这方面的基本信息开展的,首先说明了试验对象的情况,如图 3.1 的 Experiment 对象所示。该对象具有的基本属性有试验名称、试验日期、试验实施者、试验地点、试验类型、结构材料等与实施者或试验本身相关的属性,还包括类型为对象的属性:描述试验结构模型的 ModelData 属性,描述结构工况的 MeasurementData 属性,针对该类对象提供了方法,如构造函数、赋值 Set 函数、Get 函数等。

试验模型的 ModelData 属性是 Model 对象的一个实例,用于描述试验对象的结构模型的几何尺寸,这是基于笛卡儿三维空间坐系的,三个方向相互垂直,按照最基本的点、线、面的基本图元组合而成,表现出的结构模型如图 3.2 所示。

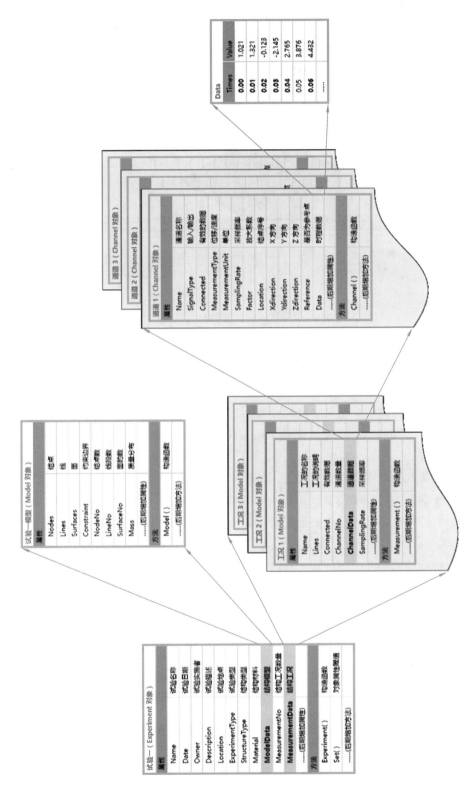

图 3.1　Experiment 对象的数据结构

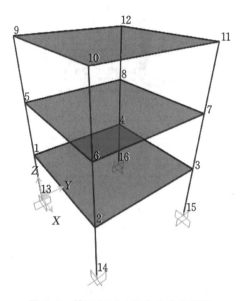

图 3.2　基于 Model 对象的结构模型

（1）节点

每一个节点采用 4 个值记录了节点的位置和编号，没有区分节点的刚度特征。

（2）线

原有的数据结构模型只记录了线的位置、材料和质量分布。这些数据可以体现出线的质量特征。为了更好地体现其刚度特征，建议增设线的截面尺寸属性（sectional dimension）。

考虑到结构试验中常常有耗能减震、隔震等"线"构件，为了更好地反映它们的阻尼特征，建议将线属性分为两大类：一类为框架（frame），另一类为特殊连接（special connection）。特殊连接又可分为阻尼连接（damper）、隔震连接（isolator）。

（3）面

考虑到目前耗能构件中面构件较少，普通构件可以只通过材料属性来体现其阻尼特征，而刚度特征可能还需增设面的截面尺寸属性来加以体现。

另有一些针对约束边界、节点数、线段数、面的数量的描述字段，以完善对试验三维模型的描述，为模型的 WEB 展示提供数据对象。

Outputinfo 对象是输出信息的一个对象类型，经过方法处理的数据结果保存在该对象中，包括针对的试验名称、试验编号、工况编号和分析日期、分析者等属性；包括处理数据的方法、窗函数类型、模型阶数等；还包括输出信息模态数据 Model Data 对象，获得的模态阶数、自振频率、振型位移、阻尼比等。

图 3.3 所示即为本平台的输出数据结构。

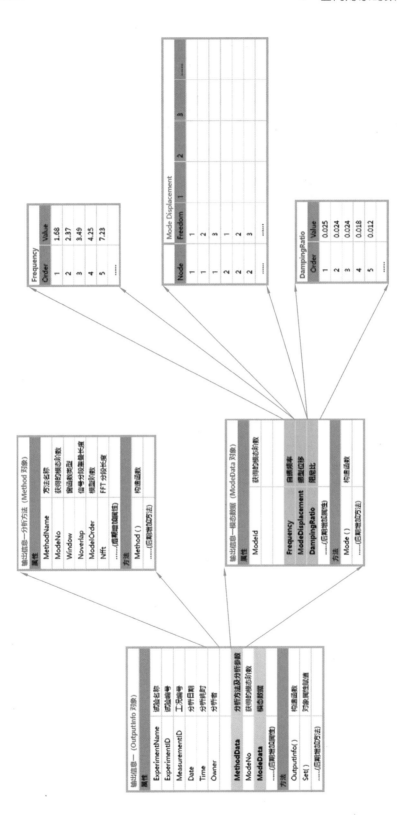

Frequency

Order	Value
1	1.68
2	2.37
3	3.49
4	4.25
5	7.23
......	

Mode Displacement

Node	Freedom	1	2	3	......
1	1				
1	2				
1	3				
2	1				
2	2				
2	3				
......					

DampingRatio

Order	Value
1	0.025
2	0.024
3	0.024
4	0.018
5	0.012
......	

输出信息— (OutputInfo 对象)

属性	
ExperimentName	试验名称
ExperimentID	试验编号
MeasurementID	工况编号
Date	分析日期
Time	分析时刻
Owner	分析者
MethodData	**分析方法及分析参数**
ModeNo	**获得的模态阶数**
ModeData	**模态数据**
......(后期增加属性)	
方法	
OutputInfo ( )	构造函数
Set ( )	对象属性赋值
......(后期增加的方法)	

输出信息—分析方法 (Method 对象)

属性	
MethodName	方法名称
ModeNo	获得的模态阶数
Window	窗函数类型
Noverlap	信号分段重叠长度
ModelOrder	模型阶数
Nfft	FFT 分段长度
......(后期增加属性)	
方法	
Method ( )	构造函数
......(后期增加的方法)	

输出信息—模态数据 (ModeData 对象)

属性	
ModeId	获得的模态阶数
Frequency	**固有频率**
ModeDisplacement	**振型位移**
DampingRatio	**阻尼比**
......(后期增加属性)	
方法	
Mode ( )	构造函数
......(后期增加的方法)	

图 3.3 输出数据结构

3.2　数据字典

在 WEB 页面端,需要将关系型数据库 MySQL 的信息导入到页面端,其信息表主要有:

(1)试验信息表(tab_expe,见表 3.1)

表 3.1　试验信息表

编号	字段名	中文名	字段类型	字段长度	备注
1	expe_id	试验编号	int	11	自动递增/NOT NULL/KEY
2	expe_name	试验名称	varchar	30	NOT NULL/KEY
3	expe_location	试验地点	varchar	50	NOT NULL
4	expe_facility	试验单位	varchar	50	NOT NULL
5	expe_description	试验说明	text	—	
6	expe_date	试验日期	date	—	NOT NULL
7	expe_owner	试验者姓名	varchar	10	NOT NULL
8	expe_phone	试验者电话	varchar	20	
9	expe_email	试验者邮箱	varchar	50	
10	expe_type	试验类型	varchar	50	
11	expe_structure	结构类型	varchar	50	
12	expe_material	结构材料	varchar	50	
13	up_date	创建日期	date	—	NOT NULL
14	up_owner	创建者姓名	varchar	10	NOT NULL
15	expe_state	试验状态	int	1	NOT NULL
16	expe_level	试验级别	int	2	NOT NULL

(2)工况信息表(tab_work,见表 3.2)

表 3.2　工况信息表

编号	字段名	中文名	字段类型	字段长度	备注
1	work_id	工况编号	int	11	自动递增/NOT NULL/KEY
2	expe_id	试验编号	int	11	NOT NULL/KEY
3	work_name	工况名称	varchar	30	NOT NULL
4	work_description	工况说明	text	—	NOT NULL
5	channelnum	通道数量	int	11	
6	samplingrate	采样频率	int	11	

（3）通道信息表（tab_chan，见表 3.3）

表 3.3　通道信息表

编号	字段名	中文名	字段类型	字段长度	备注
1	chan_id	通道编号	int	11	自动递增/NOT NULL/KEY
2	work_id	所属工况	int	11	NOT NULL/KEY
3	node_id	节点编号	int	11	NOT NULL
4	chan_name	通道名称	varchar	30	NOT NULL/KEY
5	chan_signaltype	输入/输出	varchar	10	枚举类型（输入、输出）
6	chan_connected	数据是否连接	varchar	10	枚举类型（是、否）
7	chan_measurementtype	数据类型	varchar	20	枚举类型（位移、速度、加速度、温度、应变、倾斜）
8	chan_measurementunit	数据单位	varchar	20	枚举类型（mm，cm，m，mm/s，cm/s，m/s，mm/s^2，cm/s^2，m/s^2，%，rad）
9	chan_samplingrate	采样频率	int	11	NOT NULL
10	chan_factor	放大系数	int	11	NOT NULL 默认为1
11	chan_xdirection	X 方向	float	11	NOT NULL 取值范围（−1~1）
12	chan_ydirection	Y 方向	float	11	NOT NULL 取值范围（−1~1）
13	chan_zdirection	Z 方向	float	11	NOT NULL 取值范围（−1~1）
14	chan_reference	参考点	varchar	10	NOT NULL
15	tab_name	通道数据表名	varchar	50	NOT NULL

（4）通道数据表（见表 3.4，此表是动态表：tab_工况 ID＋通道名称，表名存储在通道信息表中）

表 3.4　通道数据表

编号	字段名	中文名	字段类型	字段长度	备注
1	timedata	时间	double	—	NOT NULL
2	valuedata	值	double	—	NOT NULL

（5）用户表（tab_user,见表3.5）

表 3.5　用户表

编号	字段名	中文名	字段类型	字段长度	备注
1	user_id	用户编号	int	11	自动递增/NOT NULL/KEY
2	user_name	用户名	varchar	10	NOT NULL
3	user_pass	用户密码	varchar	10	NOT NULL
4	user_realname	真实姓名	varchar	10	NOT NULL
5	user_sex	性别	varchar	5	NOT NULL
6	user_com	公司或学校	varchar	50	
7	user_phone	联系电话	varchar	11	
8	user_email	电子邮箱	varchar	50	NOT NULL
9	expe_num	上传试验数	int	11	
10	user_role	用户角色	varchar	50	NOT NULL
11	user_level	用户级别	int	1	NOT NULL
12	reg_time	注册时间	datetime	—	NOT NULL
13	login_last	上次登录时间	datetime	—	
14	login_now	本次登录时间	datetime	—	

（6）日志表（tab_logs,见表3.6）

表 3.6　日志表

编号	字段名	中文名	字段类型	字段长度	备注
1	log_num	日志编号	int	11	自动递增/NOT NULL/KEY
2	log_user	用户名称	varchar	10	NOT NULL
3	log_title	日志标题	varchar	10	NOT NULL
4	log_time	日志时间	datetime	—	NOT NULL
5	log_content	日志内容	varchar	255	NOT NULL

3.3　创建对象

通过 WEB 页面端获得试验数据、工况数据后，需要在 MATLAB 服务器端建立数据对象。

载入模拟地震振动台试验数据库里的数据，运行 Dataloading，即可创建输入数据对象。创建的输入数据对象主要有：

(1) 试验对象(图 3.4)

1x1 Experiment

属性	值
Name	'5层钢框架有限元模型'
Date	'7-23-2017'
Owner	'同济大学和泉研究室'
Description	'模态分析程序验证'
Location	'同济大学和泉研究室'
ExperimentType	'振动台模型试验'
StructureType	'钢框架'
Material	'钢材'
ModelData	*1x1 Model*
MeasurementNo	2
MeasurementData	*1x2 Measurement*

图 3.4　试验对象

(2) 模型对象(图 3.5)

test.ModelData

属性	值
Nodes	*60x4 double*
Lines	*115x3 double*
Linesec	[]
Surfaces	[]
Surfacesec	[]
Constraint	*10x7 double*
NodeNo	60
LineNo	115
SurfaceNo	[]
Mass	[]

图 3.5　模型对象

(3) 工况对象(图 3.6)

test.MeasurementData(1, 1)

属性 ▲	值
Name	'白噪声'
Description	'白噪声激励工况'
Connected	1
ChannelNo	60
ChannelData	*1x60 Channel*
SamplingRate	100

图 3.6 工况对象

(4) 通道对象(图 3.7)

test.MeasurementData(1, 1).ChannelData(1, 1)

属性 ▲	值
Name	'Channel1'
SignalType	'Output'
Connected	1
MeasurementType	'Acceleration'
MeasurementUnit	'm/s/s'
SamplingRate	100
Factor	1
Location	59
Xdirection	0
Ydirection	1
Zdirection	0
Reference	0
Data	*10000x1 double*

图 3.7 通道对象

3.4 对象的分析方法

针对 Experiment 对象,可以采用相应的方法进行数据上的处理,此时,可以采用的分析方法主要有:

(1) 自功率谱估计分析(图 3.8)

运行程序 ChannelAutospec.m,即可得到某通道信号的自功率谱估计。

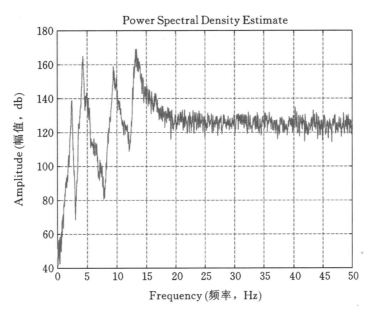

图 3.8　自功率谱估计分析

（2）互功率谱估计分析（图 3.9）

运行程序 ChannelCrossspec.m，即可得到某两个通道信号之间的互功率谱估计。

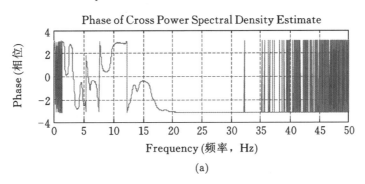

(a)

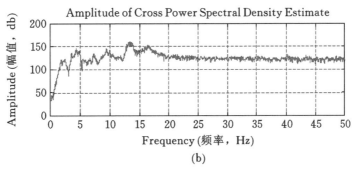

(b)

图 3.9　互功率谱估计分析

（3）频响函数分析(图 3.10)

运行程序 ChannelFRF.m,即可得到某两个通道信号之间的频响函数估计。

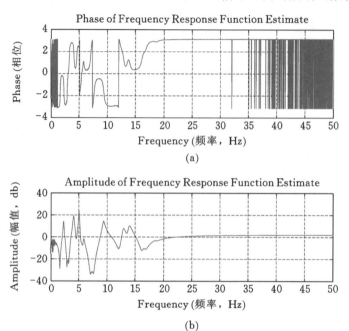

图 3.10　频响函数分析

（4）相干函数分析(图 3.11)

运行程序 ChannelCoherence.m,即可得到某两个通道信号之间的相干函数估计,进一步还可以进行模态分析。

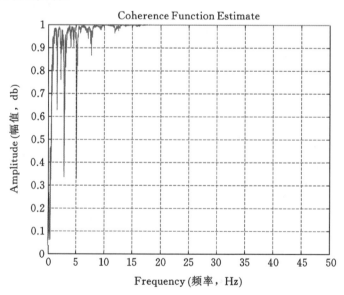

图 3.11　相干函数分析

4 面向对象的模态分析方法

4.1 子空间系统识别方法

4.1.1 投影理论

子空间辨识方法往往可以从几何理论中获得直观的解释。大部分子空间辨识算法都是基于子空间的投影计算。本节将介绍子空间辨识常使用的投影工具:正交投影(Orthogonal projection)和斜投影(Oblique projection)。不同的子空间辨识算法应用不同的投影以获得状态向量空间或者增广观测矩阵张成的子空间。

矩阵 $A \in R^{m \times n}$ 的行空间在矩阵 $B \in R^{l \times n}$ 的行空间上的正交投影可以表示为 A/B,其计算可表达为:

$$A/B = AB^{\mathrm{T}}(BB^{\mathrm{T}})^{\dagger}B \tag{4.1}$$

式中 †——矩阵的广义逆。

对于二维子空间,可以用图 4.1 表示子空间的正交投影。

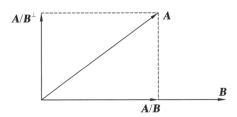

图 4.1 二维子空间正交投影图示

将 $\mathbf{\Pi}_B$ 定义为 B 的行空间上的正交投影算子,定义

$$\mathbf{\Pi}_B \overset{\mathrm{def}}{=} B^{\mathrm{T}}(BB^{\mathrm{T}})^{\dagger}B \tag{4.2}$$

则 A/B 也可表示为:

$$A/B = A\mathbf{\Pi}_B \tag{4.3}$$

同样,定义 $\mathbf{\Pi}_{B^{\perp}}$ 为 B 的行空间的正交补空间上的正交投影算子:

$$\mathbf{\Pi}_{B^{\perp}} = I - \mathbf{\Pi}_B \tag{4.4}$$

其中,单位矩阵 I 为 n 维,由此可计算 A 的行空间在 B 的行空间的正交补空间上的正交投影为:

$$A/B^{\perp} = A\mathbf{\Pi}_{B^{\perp}} = A - A\mathbf{\Pi}_B \tag{4.5}$$

矩阵 $A \in R^{m \times n}$ 的行空间在矩阵 $B \in R^{l \times n}$ 和 $C \in R^{p \times n}$ 组成的行空间上的投影：

$$A \Big/ \binom{B}{C} = A(B^{\mathrm{T}} \quad C^{\mathrm{T}}) \left[\begin{pmatrix} BB^{\mathrm{T}} & BC^{\mathrm{T}} \\ CB^{\mathrm{T}} & CC^{\mathrm{T}} \end{pmatrix}^{\dagger} \right] \binom{B}{C} \qquad (4.6)$$

矩阵 $A \in R^{m \times n}$ 的行空间沿着矩阵 $C \in R^{p \times n}$ 的行空间在矩阵 $B \in R^{l \times n}$ 的行空间上的投影可以表示为 $A/_C B$（图4.2），其计算可表达为：

$$A/_C B = A(B^{\mathrm{T}} \quad C^{\mathrm{T}}) \left[\begin{pmatrix} BB^{\mathrm{T}} & BC^{\mathrm{T}} \\ CB^{\mathrm{T}} & CC^{\mathrm{T}} \end{pmatrix}^{\dagger} \right]_{\text{first l columns}} B \qquad (4.7)$$

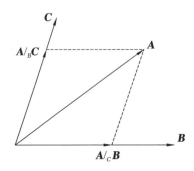

图 4.2 二维子空间斜投影图示

同样，与正交投影一样，等式(4.6)也可以写成与式(4.7)一样的形式：

$$A = A \Big/ \binom{B}{C} + A \Big/ \binom{B}{C}^{\perp} = A/_B C + A/_C B + A \Big/ \binom{B}{C}^{\perp} \qquad (4.8)$$

斜投影有如下性质：

$$B/_B C = 0 \qquad (4.9)$$

$$C/_B C = C \qquad (4.10)$$

$$A/_C B = [A/C^{\perp}][C/B^{\perp}] B \qquad (4.11)$$

4.1.2 状态空间矩阵的求解

子空间辨识算法包括三个主要步骤：

第一步，计算特定 Hankel 矩阵的行空间投影，典型的做法是进行 LQ 分解。

第二步，计算该投影的奇异值分解，从而直接得到可观测矩阵 $\boldsymbol{\Gamma}_i$ 和状态序列 X_f 的卡尔曼滤波器估计 $\hat{X}_f$。

第三步，由可观测矩阵 $\boldsymbol{\Gamma}_i$ 或估计的状态序列 $\hat{X}_f$ 来确定系统矩阵 A、B、C、D 以及噪声协方差矩阵 R、Q、S。

4.1.2.1 Hankel 矩阵的组成

Hankel 矩阵是反对角线上的元素相同的矩阵。将测点响应数据组成 $2mi \times j$ 的 Hankel 矩阵，并假定 $j \rightarrow \infty$。把 Hankel 矩阵的行空间分成"过去"行空间和"将来"行空间：

$$Y_{0|2i-1}=\frac{1}{\sqrt{j}}\left(\begin{array}{ccccc} y_0 & y_1 & y_2 & \cdots & y_{j-1} \\ y_1 & y_2 & y_3 & \cdots & y_j \\ \vdots & \vdots & \vdots & & \vdots \\ y_{i-1} & y_i & y_{i+1} & \cdots & y_{i+j-2} \\ y_i & y_{i+1} & y_{i+2} & \cdots & y_{i+j-1} \\ y_{i+1} & y_{i+2} & y_{i+3} & \cdots & y_{i+j} \\ \vdots & \vdots & \vdots & & \vdots \\ y_{2i-1} & y_{2i} & y_{2i+1} & \cdots & y_{2i+j-2} \end{array}\right)=\left(\frac{Y_{0|i-1}}{Y_{i|2i-1}}\right)=\left(\frac{Y_p}{Y_f}\right) \quad (4.12)$$

式中 y_i——第 i 时刻所有测点的响应；

下标 p——"过去"；

下标 f——"将来"。

4.1.2.2 栈向量状态空间方程

由 Hankel 矩阵组成的扩展状态空间方程是子空间辨识中广泛应用的等式。这里先介绍由过程形式得到的栈向量（Stack vector）状态空间方程。首先假设 k 为当前时刻，f 为可定义的未来时刻标度，可得：

$$y_f=\Gamma_f x(k)+H_f u_f+G_f w_f+v_f \quad (4.13)$$

定义栈向量、增广观测矩阵 Γ_f 和 Toeplitz 矩阵为：

$$y_f=\begin{bmatrix} y(k) \\ y(k+1) \\ \vdots \\ y(k+f-1) \end{bmatrix}, \Gamma_f=\begin{bmatrix} C \\ CA \\ \vdots \\ CA^{f-1} \end{bmatrix} \quad (4.14)$$

$$H_f=\begin{bmatrix} D & 0 & \cdots & 0 \\ CB & D & \cdots & 0 \\ \vdots & \vdots & & \vdots \\ CA^{f-2}B & CA^{f-3}B & \cdots & D \end{bmatrix}, G_f=\begin{bmatrix} 0 & 0 & \cdots & 0 \\ C & 0 & \cdots & 0 \\ \vdots & \vdots & & \vdots \\ CA^{f-2} & CA^{f-3} & \cdots & 0 \end{bmatrix} \quad (4.15)$$

其他栈向量 u_f、w_f、v_f 和 y_f 具有类似的定义。

同样，定义过去时刻的栈向量状态空间方程为：

$$y_p=\Gamma_p x(k-p)+H_p u_p+G_p w_p+v_p \quad (4.16)$$

其中，$y_p=\begin{bmatrix} y(k-p) \\ y(k-p+1) \\ \vdots \\ y(k-1) \end{bmatrix}$，其他向量和矩阵具有类似的定义。

将式(4.12)、式(4.15)写成 Hankel 矩阵形式，可得：

$$Y_f=\Gamma_f X_f+H_f U_f+G_f W_f+V_f \quad (4.17)$$

$$Y_p = \boldsymbol{\Gamma}_p X_p + H_p U_p + G_p W_p + V_p \tag{4.18}$$

输入输出的 Hankel 矩阵表示为：

$$Y_f = \begin{bmatrix} y(k) & y(k+1) & \cdots & y(N-f+1) \\ y(k+1) & y(k+2) & \cdots & y(N-f+2) \\ \vdots & \vdots & & \vdots \\ y(k+f-1) & y(k+f) & \cdots & y(N) \end{bmatrix} \tag{4.19}$$

$$Y_p = \begin{bmatrix} y(k-p) & y(k-p+1) & \cdots & y(N-f-p+1) \\ y(k-p+1) & y(k-p+2) & \cdots & y(N-f-p+2) \\ \vdots & \vdots & & \vdots \\ y(k-1) & y(k) & \cdots & y(N-f) \end{bmatrix} \tag{4.20}$$

这里 $N = N_0 - p - f + 1$，Hankel 矩阵 U_f、W_f、V_f、U_p、W_p、V_p 有相似的定义。

状态向量矩阵为：

$$X_f = [x(k) \quad x(k+1) \quad \cdots \quad x(N-f+1)] \tag{4.21}$$

$$X_p = [x(k-p) \quad x(k-p+1) \quad \cdots \quad x(N-f-p+1)] \tag{4.22}$$

为了能够得到系统矩阵，可以从两方面着手：一是先得到状态空间向量的估计，由此直接从状态空间方程用最小二乘法得到系统矩阵；二是先得到增广观测矩阵和 Toeplitz 矩阵的估计，然后利用增广观测矩阵和 Toeplitz 矩阵的结构获得系统矩阵。其具体计算方法如下：

（1）方法 1

先估计系统的状态向量，$\hat{X}_k$ 和 $\hat{X}_{k+1}$ 为：

$$\hat{X}_k = [\hat{x}(k) \quad \hat{x}(k+1) \quad \cdots \quad \hat{x}(N-f)] \tag{4.23}$$

$$\hat{X}_{k+1} = [\hat{x}(k+1) \quad \hat{x}(k+2) \quad \cdots \quad \hat{x}(N-f+1)] \tag{4.24}$$

通过状态空间方程(4.24)，使用最小二乘法可以估计系统矩阵：

$$\begin{pmatrix} \hat{X}_{k+1} \\ Y_k \end{pmatrix} = \begin{pmatrix} A & B \\ C & D \end{pmatrix} \begin{pmatrix} \hat{X}_k \\ U_k \end{pmatrix} + \begin{pmatrix} \boldsymbol{\rho}_w \\ \boldsymbol{\rho}_v \end{pmatrix} \tag{4.25}$$

式中 $\boldsymbol{\rho}_w$、$\boldsymbol{\rho}_v$——残差矩阵。

而 Q、S、R 可以从式(4.25)得到：

$$\begin{pmatrix} Q & S \\ S^T & R \end{pmatrix} = E\left[\begin{pmatrix} \boldsymbol{\rho}_w \\ \boldsymbol{\rho}_v \end{pmatrix} \quad (\boldsymbol{\rho}_w^T \quad \boldsymbol{\rho}_v^T) \right] \tag{4.26}$$

（2）方法 2

先估计系统的增广观测矩阵 $\hat{\boldsymbol{\Gamma}}_i$，则 A 和 C 可以从直接增广观测矩阵的结构中提取得到。

由式(4.25)可知系统增广观测矩阵 $\boldsymbol{\Gamma}_i$ 表达式如下：

$$\mathbf{\Gamma}_i = \begin{bmatrix} C \\ CA \\ \vdots \\ CA^{i-1} \end{bmatrix} \tag{4.27}$$

我们定义 $\overline{\mathbf{\Gamma}}_i$ 为不包含前 l 行的 $\hat{\mathbf{\Gamma}}_i$ 矩阵,而 $\underline{\mathbf{\Gamma}}_i$ 为不包含后 l 行的 $\mathbf{\Gamma}_i$ 矩阵。即:

$$\overline{\mathbf{\Gamma}}_i = \begin{bmatrix} CA \\ CA^2 \\ \vdots \\ CA^{i-1} \end{bmatrix}, \underline{\mathbf{\Gamma}}_i = \begin{bmatrix} C \\ CA \\ \vdots \\ CA^{i-2} \end{bmatrix} \tag{4.28}$$

由此可得:

$$\mathbf{A} = (\underline{\hat{\mathbf{\Gamma}}}_i)^{\dagger} \overline{\hat{\mathbf{\Gamma}}}_i \tag{4.29}$$

其中,$(\bullet)^{\dagger}$ 表示矩阵 $\bullet$ 的 Moore-Penrose 伪逆。$\overline{\hat{\mathbf{\Gamma}}}_i$ 为不包含前 l 行的 $\hat{\mathbf{\Gamma}}_i$ 估计矩阵,而 $\underline{\hat{\mathbf{\Gamma}}}_i$ 为不包含后 l 行的 $\hat{\mathbf{\Gamma}}_i$ 估计矩阵。

矩阵 $\mathbf{C}$ 直接取为 $\hat{\mathbf{\Gamma}}_i$ 的前 m 行:

$$\mathbf{C} = \hat{\mathbf{\Gamma}}_i(1:m,:) \tag{4.30}$$

在估计矩阵 $\mathbf{A}$ 和 $\mathbf{C}$ 后,通过 $\hat{\mathbf{\Gamma}}_i$ 可以估计 Toeplitz 矩阵 $\hat{\mathbf{H}}_i$。利用最小二乘法估计矩阵 $(\mathbf{B},\mathbf{D})$,进而可以估计其他矩阵 $(\mathbf{Q},\mathbf{S},\mathbf{R})$。

因此,子空间辨识的主要目标是如何使用输入输出数据来估计状态矩阵或者增广观测矩阵。

4.1.2.3 典型的子空间辨识方法

本节主要介绍 N4SID、MOESP 和 CVA 三种典型的子空间辨识方法。为了能获得统一的框架,各算法都使用过程形式的状态空间方程。在子空间辨识中,如何选择最优的输入信号是一个目前都没有解决的问题。目前有一些文献提及如何选择激励信号来进行子空间辨识:首先,输入信号必须满足一定的持续激励。其次,为了避免产生数值问题并且能够更好地确定系统的阶次,输入信号应该使得各通道输出没有相关性。这里假设选择的激励输入信号满足的持续激励阶次最少为 $2i$。

(1) N4SID

由 Van Overschee 和 De Moor 提出的 N4SID 算法是子空间辨识中最有代表性的方法。在 MATLAB 的辨识工具箱中,子空间方法的命令是'n4sid'。Van Overschee 和 De Moor 将对象分为确定性系统、随机系统和确定随机联合系统。确定性系统为 $w(k)=0$ 和 $v(k)=0$,随机系统则为 $u(k)=0$,确定随机联合系统为 $w(k)\neq0$、$v(k)\neq0$、$u(k)\neq0$。

这里,直接讨论确定随机联合系统:

$$Y_f/U_fZ_p = \Gamma_f X_f/U_fZ_p + H_f U_f/U_fZ_p + G_f W_f/U_fZ_p + V_f/U_fZ_p \tag{4.31}$$

其中 $Z_p = \begin{bmatrix} U_p \\ Y_p \end{bmatrix}$，由斜投影的性质可知：

$$U_f/U_fZ_p = 0 \tag{4.32}$$

假设未来的噪声 W_f、V_f 与未来输入 U_f 不相关，因此当 N 足够大时，可得：

$$W_f/U_fZ_p = 0 \tag{4.33}$$

$$V_f/U_fZ_p = 0 \tag{4.34}$$

因此，式（4.31）变成：

$$Y_f/U_fZ_p = \Gamma_f X_f/U_fZ_p \tag{4.35}$$

将 X_f/U_fZ_p 写成如下形式：

$$\hat{X}_f = X_f/U_fZ_p \tag{4.36}$$

则 $Y_f/U_fZ_p = \Gamma_f \hat{X}_f$。对 Y_f/U_fZ_p 进行 SVD，可得：

$$Y_f/U_fZ_p = [\,U_1 \quad U_2\,]\begin{bmatrix} \Lambda_1 & 0 \\ 0 & \Lambda_2 \end{bmatrix}\begin{bmatrix} V_1^T \\ V_2^T \end{bmatrix} \tag{4.37}$$

选择奇异值相对较大向量组成 U_1 和 Λ_1，并可由此估计系统的阶次。假设 $\mathrm{rank}(\Lambda_1) = n$。增广观测矩阵 Γ_f 为列满秩并且 $\hat{X}_f$ 为行满秩。因此，估计 $\hat{\Gamma}_f$ 和 $\hat{X}_f$ 可由式（4.38）、式（4.39）估计：

$$\hat{\Gamma}_f = U_1 \Lambda_1^{1/2} \tag{4.38}$$

$$\hat{X}_f = \Lambda_1^{1/2} V_1 \tag{4.39}$$

（2）MOESP

针对不同的噪声情况，MOESP 算法有 5 种不同的变形。其中，基本 MOESP（Elementary MOESP，EM）、普通 MOESP（Ordinary MOESP，OM）算法由 Verhaegen 和 Dewilde 于 1992 年提出。这两个算法主要针对确定性系统。为了解决输出测量噪声问题，Verhaegen 提出了 MOESP 算法的另外一个变形（PI MOESP）。Verhaegen 还补充了另外一个算法（PO MOESP），用来解决过程噪声和输出测量噪声。PO-EIV 算法则用来解决变量含噪声问题。为了与 N4SID 方法保持一致，这里我们主要讨论 PO MOESP 算法。PO MOESP 计算步骤如下：

先进行以下 QR 分解：

$$\begin{bmatrix} U_f \\ Y_p \\ U_p \\ Y_f \end{bmatrix} = \begin{bmatrix} L_{11} & 0 & 0 & 0 \\ L_{21} & L_{22} & 0 & 0 \\ L_{31} & L_{32} & L_{33} & 0 \\ L_{41} & L_{42} & L_{43} & L_{44} \end{bmatrix}\begin{bmatrix} Q_1^T \\ Q_2^T \\ Q_3^T \\ Q_4^T \end{bmatrix} \tag{4.40}$$

当 N 趋向于无穷大时，则由此可得：

$$[L_{42} \quad L_{43}]\begin{bmatrix} Q_2^T \\ Q_3^T \end{bmatrix} = \Gamma_f \hat{X}_f \tag{4.41}$$

由此通过 SVD 可以得到增广观测矩阵和状态空间向量的估计。

PO MOESP 算法也可以用几何空间进行解释，在式(4.17)两边投影至 $U_f^\perp$ 的行空间，可得：

$$Y_f/U_f^\perp = \Gamma_f X_f/U_f^\perp + H_f U_f/U_f^\perp + G_f W_f/U_f^\perp + V_f/U_f^\perp \tag{4.42}$$

由正交投影性质可得 $U_f/U_f^\perp = 0$、$W_f/U_f^\perp = W_f$、$V_f/U_f^\perp = V_f$。为了消除噪声的影响，将式(4.42)在过去的输入输出行空间进行正交投影：

$$(Y_f/U_f^\perp)/Z_p = (\Gamma_f X_f/U_f^\perp)/Z_p + G_f W_f/Z_p + V_f/Z_p \tag{4.43}$$

由于未来噪声与过去的输入输出不相关，则 $G_f W_f/Z_p = V_f/Z_p = 0$。由此可得：

$$(Y_f/U_f^\perp)/Z_p = (\Gamma_f X_f/U_f^\perp)/Z_p \tag{4.44}$$

而式(4.40)中的 QR 分解则为上式的具体实现。

（3）CVA

CVA 算法由 Larimore 于 1990 年提出。CVA 算法是这三种算法中辨识性能最好的。CVA 可以理解成一个广义的奇异值分解(Genalized SVD)。

先介绍主立角和主方向，假设矩阵 $A \in R^{m \times n}$ 与矩阵 $B \in R^{l \times n}$，进行如下 SVD 分解：

$$A^T(AA^T)^\dagger AB^T(BB^T)^\dagger B = O \Lambda P^T \tag{4.45}$$

A 的行空间与 B 的行空间之间的主方向等于 O^T 和 P^T 的行向量。A 的行空间与 B 的行空间之间的主立角的余弦值等于 SVD 的奇异值，即 Λ。可以用式(4.46)表示：

$$\left.\begin{array}{l} [\mathscr{A} \measuredangle B] \triangle O^T \\ [A \measuredangle \mathscr{B}] \triangle P^T \\ [A \measuredangle B] \triangle \Lambda \end{array}\right\} \tag{4.46}$$

这里 $\mathscr{A} \measuredangle B$ 表示在 A 的行空间上的主方向矩阵，$A \measuredangle \mathscr{B}$ 表示在 B 的行空间上的主方向矩阵，$A \measuredangle B$ 表示 A 的行空间与 B 的行空间之间的主立角的余弦值，该值等于奇异值的矩阵。

Larimore 分析了过去输入输出 Z_p 在未来输入的补空间 $U_f^\perp$ 上的投影与未来输出在未来输入的补空间 $U_f^\perp$ 上的投影之间的典型相关性，得出式(4.47)：

$$[\mathscr{H}_P/\mathcal{U} \measuredangle Y_f/U_f^\perp] = X_f/U_f^\perp \tag{4.47}$$

与 $\mathscr{H}_P/\mathcal{U} \measuredangle Y_f/U_f^\perp$ 的 SVD 相结合，取其 n 个较大的奇异值作为系统的阶次，可以得到状态空间向量的估计：

$$\hat{X}_f = \Lambda_n^{1/2} V_n^T \tag{4.48}$$

由此可知，与其他辨识算法一样，可以提取系统矩阵。

4.1.3 统一框架

N4SID、MOESP、CVA 算法从不同的角度进行辨识建模。如何用一个统一的辨识框架去涵盖以上算法将是一个有趣的问题。Van Overschee 和 De Moor 从计算的角度分析了 N4SID、MOESP、CVA 算法的相似点，并给出了这 3 种算法的统一框架。基于此框架，上述 3 种算法具有相似的计算步骤，只是应用了不同的权重矩阵。这里，简单介绍 Van Overschee 和 De Moor 提出的框架的主要计算步骤(图 4.3)。

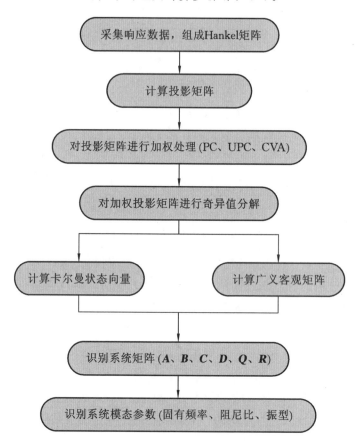

图 4.3 子空间方法识别流程图

第一步：先计算斜投影：

$$\Phi = Y_f / U_f Z_p \tag{4.49}$$

第二步：选择权重矩阵 W_1 和 W_2：

$$\Upsilon = W_1 \Phi W_2 \tag{4.50}$$

第三步：进行 SVD，将其较大奇异值的个数作为系统阶次，即取 Λ_1 的阶次：

$$\Upsilon = [O_1 \quad O_2] \begin{bmatrix} \Lambda_1 & 0 \\ 0 & \Lambda_2 \end{bmatrix} \begin{bmatrix} P_1^{\mathrm{T}} \\ P_2^{\mathrm{T}} \end{bmatrix} \tag{4.51}$$

第四步：从上式得到增广观测矩阵和状态向量的估计：

$$\hat{\boldsymbol{\Gamma}}_f = W_1^{-1} O_1 \Lambda_1^{1/2} \tag{4.52}$$

$$\hat{\boldsymbol{X}}_f = \boldsymbol{\Gamma}_f^{\dagger} \Phi \tag{4.53}$$

第五步：由上面的增广观测矩阵或者状态向量的估计 $\hat{\boldsymbol{\Gamma}}_f$ 或 $\hat{\boldsymbol{X}}_f$ 中，提取系统矩阵。

针对不同的子空间辨识算法使用不同的权重矩阵，但是权重矩阵必须满足以下条件：

（1）W_1 不能使得 $W_1\boldsymbol{\Gamma}_f$ 降秩，即 $\mathrm{rank}(W_1\boldsymbol{\Gamma}_f)=n$；

（2）W_2 不能使得 $\boldsymbol{X}_f/U_f\boldsymbol{Z}_p\boldsymbol{W}_2$ 降秩，即 $\mathrm{rank}(\boldsymbol{X}_f/U_f\boldsymbol{Z}_p\boldsymbol{W}_2)=\mathrm{rank}(\boldsymbol{X}_f/U_f\boldsymbol{Z}_p)$。Van Overschee 和 De Moor 归纳了 N4SID、CVA、MOESP 使用的权重矩阵，如表 4.1 所示。

表 4.1　典型算法的权重矩阵

算法	W_1	W_2
N4SID	I	I
MOESP	I	$\Pi_{U_f^{\perp}}$
CVA	$[(Y_f/U_f^{\perp})^{\mathrm{T}}(Y_f/U_f^{\perp})]^{1/2}$	$\Pi_{U_f^{\perp}}$

4.2　动力系统参数提取

对连续的系统矩阵进行特征值分解，有：

$$\boldsymbol{A}_c = \boldsymbol{\psi}_c \boldsymbol{\Lambda}_c \boldsymbol{\psi}_c^{-1} \tag{4.54}$$

式中　$\boldsymbol{\Lambda}_c$——$2n \times 2n$ 阶对角矩阵，是包含连续时间复特征值的对角矩阵，$\boldsymbol{\Lambda}_c = \mathrm{diag}(\lambda_{ci})$；

　　　$\boldsymbol{\psi}_c$——$2n \times 2n$ 阶连续时间特征向量矩阵。

由状态空间公式，连续时间系统矩阵 $\boldsymbol{A}_c$ 可以表示为：

$$\boldsymbol{A}_c = \begin{bmatrix} 0 & \boldsymbol{I} \\ -\boldsymbol{M}^{-1}\boldsymbol{K} & -\boldsymbol{M}^{-1}\boldsymbol{G} \end{bmatrix} \tag{4.55}$$

由 $|\boldsymbol{A}_c - \lambda\boldsymbol{I}| = 0$ 可得连续系统矩阵的特征值为：

$$\lambda = -\frac{\boldsymbol{G}}{2\boldsymbol{M}} \pm \mathrm{i}\sqrt{\frac{\boldsymbol{K}}{\boldsymbol{M}} - \frac{\boldsymbol{G}^2}{4\boldsymbol{M}^2}} \tag{4.56}$$

式中　$\boldsymbol{K},\boldsymbol{M},\boldsymbol{G}$——系统模态刚度、模态质量和模态阻尼矩阵。

进一步可将特征值表示为共轭对：

$$\lambda_{ci},\lambda_{ci}^* = -\xi_i\omega_i \pm \mathrm{i}\omega_i\sqrt{1-\xi_i^2} \tag{4.57}$$

式中　ξ_i——阻尼比，$\xi_i = \dfrac{\boldsymbol{G}}{\boldsymbol{G}_{cr}} = \dfrac{\boldsymbol{G}}{2\sqrt{\boldsymbol{K}\boldsymbol{M}}}$；

　　　$\boldsymbol{G}_{cr}$——临界阻尼；

ω_i——圆频率，$\omega_i = \sqrt{\dfrac{K}{M}}$。

但是时域子空间系统识别法中，识别得到的系统矩阵 A 为离散的系统矩阵。将离散系统矩阵 A 也进行特征值分解，则有：

$$A = \psi \Lambda \psi^{-1} \qquad (4.58)$$

式中 $\quad \Lambda$——$2n \times 2n$ 阶包含离散时间复特征值的对角矩阵，$\Lambda = \mathrm{diag}(\lambda_i)$；

$\quad\quad \psi$——$2n \times 2n$ 阶离散时间特征向量矩阵。

由前所述，离散系统矩阵 A 和连续系统矩阵 A_c 之间的关系为：

$$A = \mathrm{e}^{A_c \Delta t} \qquad (4.59)$$

将式（4.54）代入式（4.59），可以得到：

$$A = \mathrm{e}^{\psi_c (\Lambda_c \Delta t) \psi_c^{-1}} = \psi_c \mathrm{e}^{\Lambda_c \Delta t} \psi_c^{-1} \qquad (4.60)$$

A 和 A_c 有相同的特征向量，并且它们的特征值有如下的关系：

$$\lambda_i = \mathrm{e}^{\lambda_{ci} \Delta t}$$
$$\lambda_{ci} = \frac{\ln \lambda_i}{\Delta t} \qquad (4.61)$$

模态振型由下式计算：

$$\Phi = C \psi \qquad (4.62)$$

可见，只要识别出了 A 和 C 就可以提取出结构的模态参数（频率、振型和阻尼比）。

5 操作手册

5.1 登录操作

登录操作主要包括以下几方面：

(1) 登录界面

输入系统 URL,打开"登录"界面(图 5.1)。

图 5.1 "登录"界面

输入正确的用户密码,点击"登录"进入系统。

(2) 用户注册

若还没有账号,点击"立即注册"进入"用户注册"界面(图 5.2)。

图 5.2 "用户注册"界面

（3）找回密码

若忘记用户名和密码，点击首页"忘记密码"，进入"找回密码"对话框（图 5.3）。

图 5.3　"找回密码"对话框

输入注册时邮箱号码，如果用户列表中存在该邮箱号码，系统会把用户名和密码发送到邮箱。要求注册时输入正确的邮箱号码，否则无法找回密码。

5.2　用户管理操作

（1）基本信息

用户登录后会自动跳转至"用户管理"界面（图 5.4）。

图 5.4　"用户管理"界面

左侧显示用户基本信息、上传试验数据、注册与登录时间等。

（2）中心动态

中心动态显示平台最新的动态信息（图5.5），主要包括试验的新增、修改、删除信息。中心动态中显示的信息内容为共享试验的操作，个人试验信息的变化不显示在中心动态。

图 5.5 "中心动态"界面

（3）修改资料

点击"修改资料"标签页，进入"修改资料"界面（图5.6）。

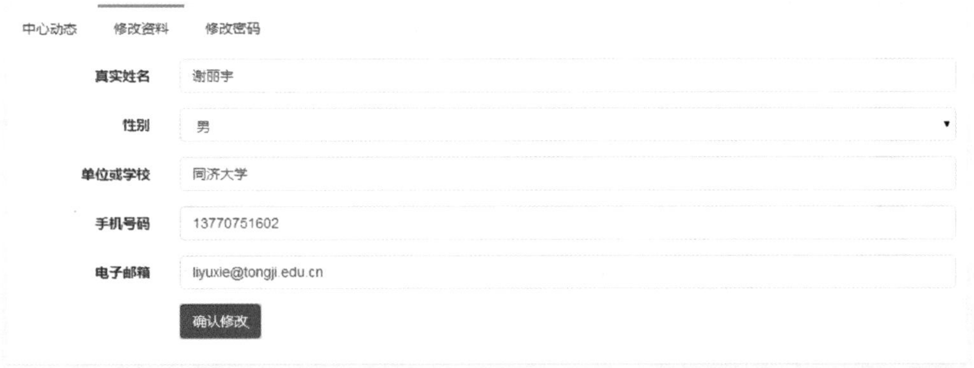

图 5.6 "修改资料"界面

（4）修改密码

点击"修改密码"标签页,进入"修改密码"界面(图 5.7)。

图 5.7 "修改密码"界面

5.3 试验信息查看

（1）选择试验

点击系统右上方"试验信息"菜单,进入"试验信息"界面(图 5.8)。

图 5.8 "试验信息"界面

弹出试验选择对话框,试验列表包括共享试验和自己上传的试验。也可以通过搜索框模糊搜索试验名。

（2）试验切换

选中试验后进入"试验信息"主界面（图 5.9）。

图 5.9 "试验信息"主界面

通过左上方切换试验按钮，可以重新进入试验选择窗，重新选择试验。

（3）试验信息呈现

选择试验、工况、通道信息，可以在左下方呈现相关属性信息（图 5.10）。

属性	值
试验名称	振动台试验1
试验地点	中国上海
试验日期	2017-04-01
试验单位	同济大学
试验类型	振动台模拟试验
结构类型	框架结构
结构材料	钢结构
试验者	谢丽宇
电话	××××
邮箱	
实验说明	

图 5.10 相关属性信息

（4）数据显示

选中一个或多个通道,将在"数据显示"标签页显示时程图(图 5.11)。首次加载速度会比较慢。

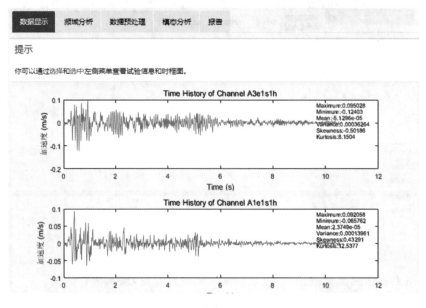

图 5.11　数据显示界面

（5）频域分析

将界面切换到"频域分析"标签页,选择分析方法,将呈现频域分析结果(图 5.12)。

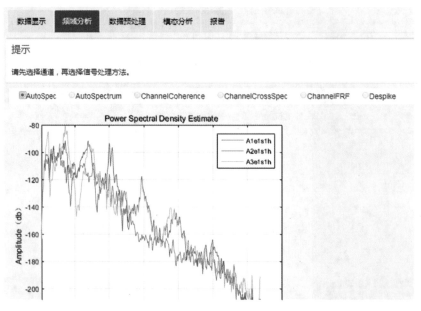

图 5.12　频域分析结果

5.4　试验数据管理

（1）数据管理界面

点击系统右上方"数据管理"按钮，进入振动台试验数据管理界面，如图 5.13 所示。数据管理界面只能看到自己上传的试验信息。

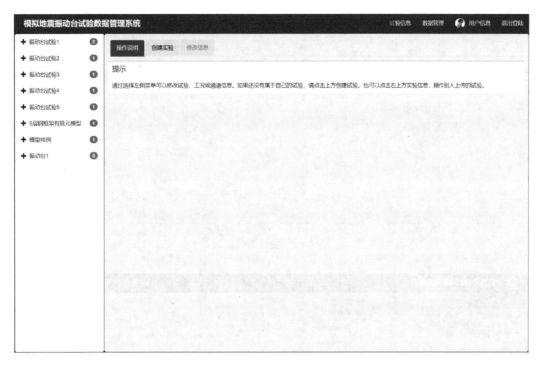

图 5.13　数据管理界面

（2）创建一个试验

点击"创建试验"标签页，进入添加试验页面，如图 5.14 所示。在该页面中，可以自定义添加该试验的试验名称、试验地点、试验日期、试验单位等信息，另有一些信息可通过下拉式选择栏的方式选择，如试验类型、结构类型、结构材料。一些标注 * 号的字段是必填字段，需要注意的是试验名称一旦生成后不能修改。输入完该页面的信息后，点击页面下方的"添加试验"按钮，将保存该试验的信息。这样，在该页面的左侧浏览窗将出现该试验名称，点击该试验名称，可以进行下一步的增加工况的操作。

（3）添加工况

试验添加成功后点击该试验名称将自动进入修改界面（图 5.15），可在该试验下点击"添加工况"按钮继续添加试验数据。

图 5.14 创建试验页面

图 5.15 试验修改页面

点击试验修改页面下方的"添加工况"按钮,进入添加工况页面(图 5.16)。该页面可以输入工况名称、采样频率、通道数量和工况说明,其中工况名称是必需的字段,而且一旦保存后不能修改。采样频率是以 Hz 为单位,表示 1 s 采样数据量的多少。完成该页面的输入后,点击"添加工况",将保存该工况的信息,这样在左侧浏览窗中试验名称的右侧会增加一位数字,表示现在共有多少工况,同时可以点击该试验名称左侧的加号,浏览该试验所有的工况。

图 5.16　添加工况信息

（4）添加工况的通道数据

工况添加成功后点击该工况名称将自动进入修改界面(图 5.17),可在该页面点击"添加通道"按钮添加属于该试验工况的通道数据,如图 5.18 所示。

图 5.17　工况信息修改页面

在图 5.18 所示页面上可以填写通道名称、采样频率、放大系数等信息,通道名称一旦保存无法修改,还有一些字段可采用下拉式输入框完成,如输入/输出、数据类型、数据单位、参考点。X 方向、Y 方向、Z 方向表示该测点采集到数据在坐标系中的方向,若是在 X

图 5.18　添加通道信息

方向,该处为1。通道的数据通过 excel 文件上传,模板格式可以下载。保存好信息后,最后通过点击"添加通道"上传该通道的信息。

(5) 修改和删除相关的试验信息

对于已添加的试验信息可以进行相关的试验信息修改和删除。选择左侧菜单中的试验,右侧会自动切换到试验修改页,如图 5.15 所示。

① 修改试验相关字段的信息,点击"保存修改"按钮完成修改。点击"删除试验"将删除试验信息,若该试验下有未删除的通道或工况数据,则无法删除试验,须先将下属工况和通道数据删除后方可删除试验。点击"添加工况",将为该试验增加新的工况数据。

② 修改和删除工况信息(图 5.19):点击左侧浏览窗口下的某个振动台试验名称,将打开该试验的详细工况信息。点击某一工况名称,将修改工况数据。点击"删除工况"将删除该工况信息,若工况下存在通道数据,须先删除通道后才能删除该工况。点击"添加通道",将为该工况增加通道信息。

点击工况下的通道名称,可以进入修改和删除通道信息页面,如图 5.20 所示。

在图 5.20 所示页面中,点击"保存修改",将修改该通道信息;点击"删除通道",将删除该通道信息,以及详细通道数据;点击"显示通道详细数据",将列出该通道所有详细数据(图 5.21)。

图 5.19 修改和删除工况信息

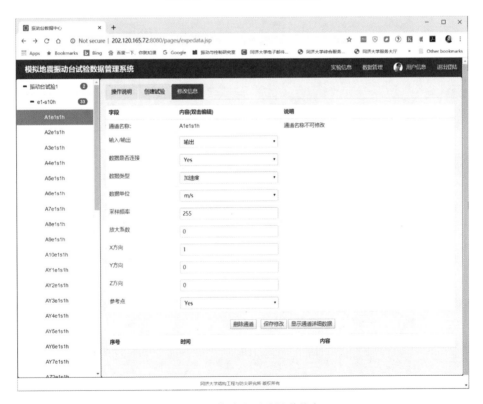

图 5.20 修改和删除通道信息

序号	时间	内容
0	0.00392	-0.0039473
1	0.00784	-0.005088
2	0.01176	-0.0045754
3	0.01568	-0.0022418
4	0.0196	-0.00015545
5	0.02352	0.00012586
6	0.02744	-0.0014171
7	0.03136	-0.0034222
8	0.03528	-0.0040151

图 5.21　通道详细数据

6 面向对象数据的案例

在本案例中,利用 sap2000 对某 5 层钢框架的有限元模型进行理论模态分析;利用 sap2000 对该钢框架有限元模型进行振动模拟;提取振动模拟中的输入和响应时程,利用本数据库的频域分解法(FDD)和随机子空间方法(SSID)对该模型进行运行和试验模态分析。对比该模型的理论、运行和实验模态分析的结果,对 FDD 和 SSID 算法的有效性做出评估。

6.1 模型概述

6.1.1 几何尺寸

水平方向各跨间距均为 6 m,各层层高均为 3 m,其模型立体图如图 6.1 所示。

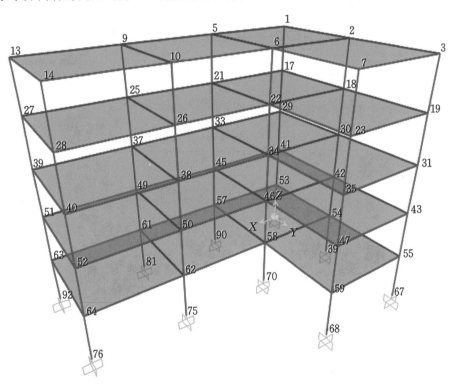

图 6.1 模型立体图

6.1.2 材料及构件信息

梁柱构件材料均采用 Q345 建筑用钢,截面形式与尺寸如图 6.2、图 6.3 所示。

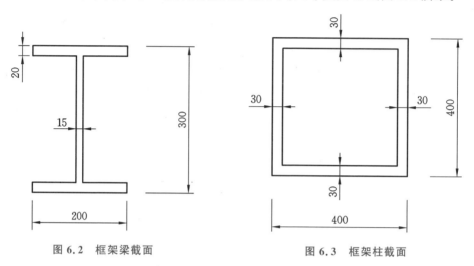

图 6.2 框架梁截面　　　　　　　　　图 6.3 框架柱截面

楼板材料均采用 C30 混凝土,厚度为 80 mm。

6.2 有限元模型理论模态分析结果

6.2.1 固有频率和周期

前 10 阶模态的固有频率和周期如表 6.1 所示。

表 6.1 模态的固有频率和周期

模态阶数	周期(s)	频率(1/s)	圆频率(rad/s)
1	0.5988	1.6700	10.493
2	0.4262	2.3461	14.741
3	0.2926	3.4172	21.471
4	0.2352	4.2509	26.709
5	0.2115	4.7286	29.710
6	0.1867	5.3554	33.649
7	0.1718	5.8192	36.563
8	0.1366	7.3228	46.010
9	0.1055	9.4830	59.583
10	0.0782	12.7810	80.307

6.2.2 各阶模态各方向的质量参与比

X、Y、Z 方向各阶模态的质量参与比及其累加值如表 6.2 所示。

表 6.2 各阶模态的质量参与比及其累加值

模态阶数	x 方向质量参与比	y 方向质量参与比	z 方向质量参与比	R_x 方向质量参与比累加值	R_y 方向质量参与比累加值	R_z 方向质量参与比累加值	模态性质
1	0.00%	70.00%	0.00%	70.00%	0.00%	27.00%	1 阶 y 向
2	73.00%	0.00%	0.00%	0.00%	45.00%	9.83%	1 阶 x 向
3	0.00%	0.72%	0.00%	1.29%	0.00%	23.00%	1 阶 R_z 向
4	0.01%	0.00%	0.00%	0.00%	0.02%	6.09%	2 阶 R_z 向
5	0.00%	0.00%	0.00%	0.02%	0.00%	1.43%	3 阶 R_z 向
6	0.02%	0.00%	0.00%	0.00%	0.01%	2.33%	4 阶 R_z 向
7	0.00%	0.03%	0.00%	0.01%	0.00%	1.80%	5 阶 R_z 向
8	0.00%	16.00%	0.00%	0.83%	0.00%	6.39%	2 阶 y 向
9	16.00%	0.00%	0.00%	0.00%	0.26%	2.04%	2 阶 x 向
10	0.02%	1.72%	0.00%	0.18%	0.00%	6.39%	6 阶 R_z 向

6.2.3 有限元分析模态

为了校核 FDD、SSID 方法识别结构模态的有效性,本节将展示通过 sap2000 进行理论模态分析得到的模态形状。图 6.4 为该结构 1~10 阶理论分析得到的模态形状。

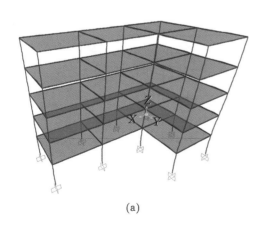

(a)

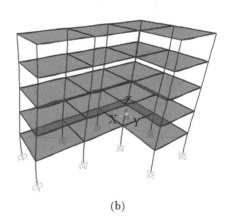

(b)

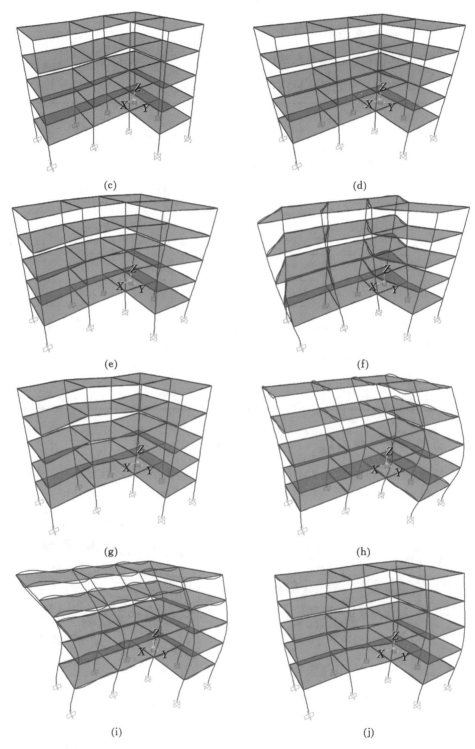

图 6.4 结构模态形状

(a) 1 阶;(b) 2 阶;(c) 3 阶;(d) 4 阶;(e) 5 阶;(f) 6 阶;(g) 7 阶;(h) 8 阶;(i) 9 阶;(j) 10 阶

6.3 时程分析

在对结构进行运行模态分析和实验模态分析之前,我们需要有结构的动力响应数据。为此,我们利用 sap2000 对该结构进行线性动力时程分析。各阶模态阻尼比均为常数,为 0.02。

6.3.1 工况 1:白噪声激励

频域分解法(FDD)假设系统的输入激励为白噪声,为了验证该算法的有效性,故用 sap2000 模拟白噪声激励情况下结构的响应。本次时程分析采用白噪声输入,采样时间间隔为 0.01 s。另外,因为本次试验考虑的是结构的空间模态,为了让各方向的模态都体现在结构响应中,本次试验考虑从 X、Y、Z 三个方向同时激励结构。为方便表示结构的空间模态,我们对结构各层角点进行编号,并提取结构各层各角点(编号见图 6.5)X、Y 方向的加速度响应(共60 个通道响应:$5 \times 6 \times 2 = 60$),利用 FDD 识别其空间模

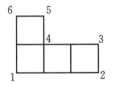

图 6.5 提取响应的各角点编号

态。FDD 是一种只需要获取输出响应的频域运行模态分析方法。该方法通过对响应的功率谱做奇异值分解获取结构的模态参数,识别结果参见本书第 6.5 节。

6.3.2 工况 2:地震波激励

选取日本 3·11 大地震某大楼采集获得的地震波的一部分作为本次数值实验的输入激励。输入时程如图 6.6 所示,采样时间间隔为 0.01 s。

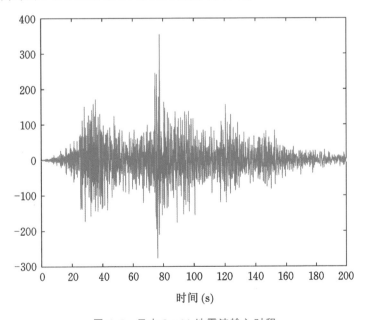

时间 (s)

图 6.6 日本 3·11 地震波输入时程

与工况 1 类似,仍提取相同角点的 X、Y 向加速度响应,结构在地震波激励下的响应在此不直接列出。获得结构在地震波激励下的响应时程后,即可利用随机子空间算法识别结构模态参数,识别结果参见第 6.5 节。

6.3.3　响应通道

如前文所述,我们利用 sap2000 中的线性时程分析模块获得结构各节点在白噪声和 3·11 地震波激励下的加速度响应时程。现将各响应通道的位置列出,如表 6.3 所示(节点编号位置参见图 6.1)。

表 6.3　各通道响应位置

通道	节点	方向	通道	节点	方向
1	59	UY	22	63	UX
2	59	UX	23	64	UY
3	55	UY	24	64	UX
4	55	UX	25	58	UY
5	47	UY	26	58	UX
6	47	UX	27	53	UY
7	43	UY	28	53	UX
8	43	UX	29	51	UY
9	35	UY	30	51	UX
10	35	UX	31	52	UY
11	31	UY	32	52	UX
12	31	UX	33	46	UY
13	23	UY	34	46	UX
14	23	UX	35	41	UY
15	19	UY	36	41	UX
16	19	UX	37	39	UY
17	7	UY	38	39	UX
18	7	UX	39	40	UY
19	3	UY	40	40	UX
20	3	UX	41	34	UY
21	63	UY	42	34	UX

续表 6.3

通道	节点	方向	通道	节点	方向
43	29	UY	52	17	UX
44	29	UX	53	1	UY
45	27	UY	54	1	UX
46	27	UX	55	13	UY
47	28	UY	56	13	UX
48	28	UX	57	14	UY
49	22	UY	58	14	UX
50	22	UX	59	6	UY
51	17	UY	60	6	UX

6.4　运行模态分析(FDD)

获得结构在白噪声输入情况下的响应后,运用频域分解法(FDD)对结构进行运行模态分析。图 6.7 为对结构响应的互功率谱矩阵进行奇异值分解后得到的前 5 阶奇异值曲线。

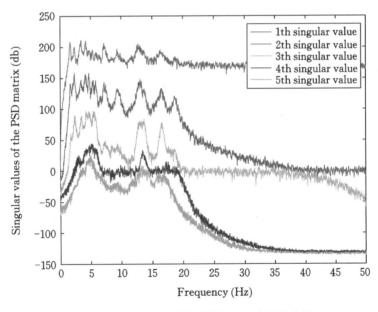

图 6.7　结构响应互功率谱的前 5 阶奇异值曲线

如图 6.7 所示,在 1 阶奇异值曲线中,出现了 7 个较为明显的峰值。图 6.8 展示了对第 1 阶奇异值曲线进行峰值点选取的情况。

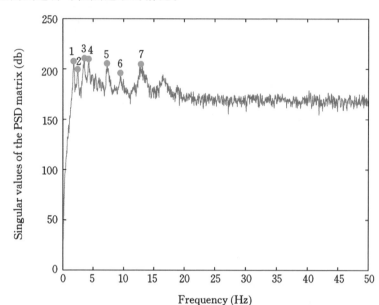

图 6.8　第 1 阶奇异值曲线的峰值选取

6.4.1　固有频率识别结果

表 6.4 将有限元分析得到的固有频率与 FDD 识别得到的固有频率进行了对比,结果显示两者之间误差较小,识别效果较好。这里需要指出的是,有限元分析结果中出现的第 5、6、7 阶模态的固有频率没有识别出来。其原因:从有限元分析结果中(表 6.2)可以看出,第 5、6、7 阶模态的振型参与质量在各个自由度上都接近 0,说明这些模态对结构实际响应贡献很小,故在 FDD 的识别结果中没有得到体现。从表 6.4 中也可看出,主要的平动模态(1、2、8、9)和主要的扭转模态(3、4、10)的固有频率均被很好地识别出来。

表 6.4　FDD 固有频率识别结果

固有频率阶数	1	2	3	4	8	9	10
有限元分析结果	1.6700	2.3461	3.4172	4.2509	7.3228	9.4830	12.7810
FDD 识别结果	1.6846	2.3926	3.4912	4.2480	7.2266	9.3750	12.8174
误差	0.87%	1.98%	2.17%	0.07%	1.31%	1.14%	0.28%

6.4.2　振型识别结果

为了验证振型识别结果的有效性,同时限于篇幅,这里仅提取图 6.5 中的 1、6、2 角点的振型幅值与有限元分析结果进行对比。表 6.5～表 6.8 展示了 FDD 振型识别结果和有限元振型分析的对比。

表 6.5 1 阶模态 FDD 识别结果

楼层	节点 1				节点 2				节点 3			
	有限元		FDD		有限元		FDD		有限元		FDD	
	U1	U2	U1	U2	U1	U2	U1	U2	U1	U2	U1	U2
5	0.0032	0.9998	0.0099	0.9998	−0.0033	1.0000	0.0069	1.0000	0.0034	0.7327	0.0102	0.7243
4	0.0027	0.7793	0.0080	0.7797	−0.0027	0.7796	0.0059	0.7801	0.0027	0.5346	0.0079	0.5279
3	0.0019	0.5367	0.0056	0.5373	−0.0019	0.5370	0.0045	0.5376	0.0019	0.3418	0.0055	0.3371
2	0.0011	0.2932	0.0030	0.2937	−0.0010	0.2932	0.0029	0.2937	0.0010	0.1711	0.0029	0.1685
1	0.0004	0.0913	0.0009	0.0916	−0.0003	0.0910	0.0011	0.0912	0.0003	0.0476	0.0009	0.0467
0	0.0000	0.0000	0.0000	0.0000	0.0000	0.0000	0.0000	0.0000	0.0000	0.0000	0.0000	0.0000

表 6.6 2 阶模态 FDD 识别结果

楼层	节点 1				节点 2				节点 3			
	有限元		FDD		有限元		FDD		有限元		FDD	
	U1	U2	U1	U2	U1	U2	U1	U2	U1	U2	U1	U2
5	−0.9401	0.0045	−0.9943	0.3838	−1.0000	0.0047	−0.9918	0.3846	−0.9457	−0.0053	−1.0000	0.0337
4	−0.7429	0.0039	−0.7860	0.3145	−0.8102	0.0039	−0.7958	0.3145	0.7370	−0.0040	−0.7799	0.0118
3	−0.5131	0.0029	−0.5433	0.2275	−0.5768	0.0029	−0.5592	0.2277	−0.5083	−0.0027	−0.5383	−0.0030
2	−0.2797	0.0017	−0.2968	0.1313	−0.3264	0.0017	−0.3110	0.1313	−0.2757	−0.0014	−0.2925	−0.0079
1	−0.0865	0.0005	−0.0925	0.0443	−0.1069	0.0005	−0.0993	0.0439	−0.0837	−0.0004	−0.0892	−0.0045
0	0.0000	0.0000	0.0000	0.0000	0.0000	0.0000	0.0000	0.0000	0.0000	0.0000	0.0000	0.0000
0	0.0000	0.0000	0.0000	0.0000	0.0000	0.0000	0.0000	0.0000	0.0000	0.0000	0.0000	0.0000

表 6.7 3 阶模态 FDD 识别结果

楼层	节点 1				节点 2				节点 3			
	有限元		FDD		有限元		FDD		有限元		FDD	
	U1	U2	U1	U2	U1	U2	U1	U2	U1	U2	U1	U2
5	0.0388	0.5384	0.0912	0.4677	−0.0676	0.5431	−0.0868	0.4724	0.0396	−1.0000	0.0923	−1.0000
4	0.0318	0.5349	0.0740	0.4781	−0.0559	0.5340	−0.0778	0.4772	0.0317	−0.7744	0.0735	−0.7700
3	0.0225	0.4564	0.0521	0.4165	−0.0409	0.4570	−0.0625	0.4170	0.0223	−0.5293	0.0518	−0.5228
2	0.0127	0.3056	0.0295	0.2831	−0.0241	0.3052	−0.0408	0.2827	0.0124	−0.2862	0.0290	−0.2807
1	0.0043	0.1181	0.0102	0.1104	−0.0085	0.1163	−0.0161	0.1086	0.0039	−0.0880	0.0093	−0.0857
0	0.0000	0.0000	0.0000	0.0000	0.0000	0.0000	0.0000	0.0000	0.0000	0.0000	0.0000	0.0000

表 6.8 4 阶模态 FDD 识别结果

楼层	节点 1				节点 2				节点 3			
	有限元		FDD		有限元		FDD		有限元		FDD	
	U1	U2	U1	U2	U1	U2	U1	U2	U1	U2	U1	U2
5	−0.2309	−0.0534	−0.1248	−0.0799	1.0000	−0.0563	1.0000	−0.0817	−0.2348	−0.0447	−0.1281	−0.3481
4	−0.1941	−0.0405	−0.1083	−0.0302	0.8960	−0.0403	0.8867	−0.0302	−0.1937	−0.0355	−0.1086	−0.2583
3	−0.1424	−0.0261	−0.0817	0.0062	0.7140	−0.0256	0.6984	0.0068	−0.1426	−0.0250	−0.0823	−0.1673
2	−0.0854	−0.0138	−0.0505	0.0186	0.4636	−0.0131	0.4484	0.0193	−0.0838	−0.0140	−0.0496	−0.0854
1	−0.0329	−0.0051	−0.0204	0.0090	0.1847	−0.0042	0.1770	0.0095	−0.0284	−0.0045	−0.0171	−0.0249
0	0.0000	0.0000	0.0000	0.0000	0.0000	0.0000	0.0000	0.0000	0.0000	0.0000	0.0000	0.0000

6.4.3 阻尼比识别结果

表 6.9 展示了各阶模态阻尼比的识别结果。

表 6.9 各阶模态阻尼比识别结果

模态阶数	1	2	3	4	8	9	10
精确值	0.020	0.020	0.020	0.020	0.020	0.020	0.020
FDD 识别结果	0.034	0.034	0.033	0.025	0.021	0.018	0.022
误差	70.00%	70.00%	65.00%	25.00%	5.00%	10.00%	10.00%

6.5 实验模态分析(SSID)

6.5.1 固有频率识别结果

表 6.10 将有限元分析得到的固有频率与 SSID 识别得到的固有频率进行了对比,结果显示两者之间误差较小,识别效果较好。

表 6.10 SSID 固有频率识别结果

固有频率阶数	1	2	3	4	5
有限元分析结果	1.6700	2.3461	3.4172	4.2509	4.7286
SSID 识别结果	1.6700	2.3461	3.4172	4.2509	4.7286
误差	0.00%	0.00%	0.00%	0.00%	0.00%

6.5.2 振型识别结果

由于自由度数较多,限于篇幅,这里不具体展示 SSID 识别得到的空间振型向量幅值。为了验证振型识别结果的有效性,提取其中具有代表性的角点(图 6.5)的振型幅值与有限元分析结果进行对比。表 6.11～表 6.13 展示了 SSID 振型识别结果和有限元振型分析的对比。

表 6.11　1 阶模态 SSID 识别结果

楼层	节点 1				节点 2				节点 3			
	有限元		SSID		有限元		SSID		有限元		SSID	
	U1	U2	U1	U2	U1	U2	U1	U2	U1	U2	U1	U2
5	0.0032	0.9998	0.0032	0.9998	−0.0033	1.0000	−0.0033	1.0000	0.0034	0.7327	0.0034	0.7327
4	0.0027	0.7793	0.0027	0.7793	−0.0027	0.7796	−0.0027	0.7796	0.0027	0.5346	0.0027	0.5346
3	0.0019	0.5367	0.0019	0.5367	−0.0019	0.5370	−0.0019	0.5370	0.0019	0.3418	0.0019	0.3418
2	0.0011	0.2932	0.0011	0.2932	−0.0010	0.2932	−0.0010	0.2932	0.0010	0.1711	0.0010	0.1711
1	0.0004	0.0913	0.0004	0.0913	−0.0003	0.0910	−0.0003	0.0910	0.0003	0.0476	0.0003	0.0476
0	0.0000	0.0000	0.0000	0.0000	0.0000	0.0000	0.0000	0.0000	0.0000	0.0000	0.0000	0.0000

表 6.12　2 阶模态 SSID 识别结果

楼层	节点 1				节点 2				节点 3			
	有限元		SSID		有限元		SSID		有限元		SSID	
	U1	U2	U1	U2	U1	U2	U1	U2	U1	U2	U1	U2
5	−0.9401	0.0045	−0.9401	0.0046	−1.0000	0.0047	−1.0000	0.0047	−0.9457	−0.0053	−0.9457	−0.0053
4	−0.7429	0.0039	−0.7429	0.0039	−0.8102	0.0039	−0.8102	0.0039	−0.7370	−0.0040	−0.7370	−0.0040
3	−0.5131	0.0029	−0.5131	0.0029	−0.5768	0.0029	−0.5768	0.0029	−0.5083	−0.0027	−0.5083	−0.0027
2	−0.2797	0.0017	−0.2797	0.0017	−0.3264	0.0017	−0.3264	0.0017	−0.2757	−0.0014	−0.2757	−0.0014
1	−0.0865	0.0005	−0.0865	0.0005	−0.1069	0.0005	−0.1069	0.0005	−0.0837	−0.0004	−0.0837	−0.0004
0	0.0000	0.0000	0.0000	0.0000	0.0000	0.0000	0.0000	0.0000	0.0000	0.0000	0.0000	0.0000

表 6.13　3 阶模态 SSID 识别结果

楼层	节点 1				节点 2				节点 3			
	有限元		SSID		有限元		SSID		有限元		SSID	
	U1	U2	U1	U2	U1	U2	U1	U2	U1	U2	U1	U2
5	0.0388	0.5384	0.0388	0.5384	−0.0676	0.5431	−0.0676	0.5431	0.0396	−1.0000	0.0396	−1.0000
4	0.0318	0.5349	0.0318	0.5349	−0.0559	0.5340	−0.0559	0.5340	0.0317	−0.7744	0.0317	−0.7744
3	0.0225	0.4564	0.0225	0.4564	−0.0409	0.4570	−0.0409	0.4570	0.0223	−0.5293	0.0223	−0.5293
2	0.0127	0.3056	0.0127	0.3056	−0.0241	0.3052	−0.0241	0.3052	0.0124	−0.2862	0.0124	−0.2862
1	0.0043	0.1181	0.0043	0.1181	−0.0085	0.1163	−0.0085	0.1163	0.0039	−0.0880	0.0039	−0.0880
0	0.0000	0.0000	0.0000	0.0000	0.0000	0.0000	0.0000	0.0000	0.0000	0.0000	0.0000	0.0000

6.5.3　阻尼比识别结果

表 6.14 展示了各阶模态阻尼比的 SSID 识别结果，SSID 识别模态阻尼比存在一定的误差，但在可接受范围内。

表 6.14　各阶模态阻尼比的 SSID 识别结果

模态阶数	1	2	3	4	5
精确值	0.020	0.020	0.020	0.020	0.020
SSID 识别结果	0.020	0.020	0.020	0.020	0.020
误差	0.00%	0.00%	0.00%	0.00%	0.00%

根据以上结果，可以得出以下结论：

（1）FDD 在识别结构固有频率、振型方面均达到了较高的精度。FDD 在识别阻尼比时，误差较大，尤其是前几阶阻尼比。另外，FDD 可能无法识别出那些对结构响应贡献很小的模态。

（2）SSID 在模型阶数选取适当的情况下，几乎可以完全精确地识别出结构的固有频率、振型和阻尼比。

7 相关程序

7.1 创建输入对象

7.1.1 创建试验对象

```
classdef Experiment<handle                        %句柄型类的对象
    properties(SetAccess=public)
        Name=[];                                  %试验名称
        Date=[];                                  %试验日期
        Owner=[];                                 %试验实施者
        Description=[];                           %试验描述
        Location=[];                              %试验地点
        ExperimentType=[];                        %试验类型
        StructureType=[];                         %结构类型
        Material=[];                              %结构材料
        ModelData=[];                             %结构模型(内嵌对象)
        MeasurementNo=[];                         %结构工况数量
        MeasurementData=[];                       %结构工况(内嵌对象)
    end

    methods
        function obj=Experiment(measurementno)        %构造函数
            obj.Name=[];
            obj.Date=[];
            obj.Owner=[];
            obj.Description=[];
            obj.ExperimentType=[];
            obj.StructureType=[];
            obj.Material=[];
            obj.ModelData=Model();
```

```matlab
        switch nargin                          %对输入变量的数目进行判别
        case 1
            temp(measurementno)=Measurement();
            obj.MeasurementData=temp;
            obj.MeasurementNo=measurementno;
        otherwise
            obj.MeasurementData=Measurement();
            obj.MeasurementNo=1;
        end
    end

    function obj=Show(obj)
        disp(obj.Name)
        disp(obj.Description)
    end



    function obj=Set(obj,PropertyName,val)     %对变量属性进行赋值
        switch PropertyName
            case'Name'
                obj.Name=val;
            case'Date'
                obj.Date=val;
            case'Owner'
                obj.Owner=val;
            case'Description'
                obj.Description=val;
            case'Location'
                obj.Location=val;
            case'ExperimentType'
                obj.ExperimentType=val;
            case'StructureType'
                obj.StructureType=val;
            case'Material'
                obj.Material=val;
            case'ModelData'
```

```
                obj.ModelData=val;
            case'MeasurementNo'
                obj.MeasurementNo=val;
            case'MeasurementData'
                obj.MeasurementData=val;
            otherwise
                disp('No such property name')
        end
    end
end
end
```

7.1.2 创建模型对象

```
classdef Model<handle
    properties (SetAccess=public)
        Nodes;        %节点  格式:编号  X坐标  Y坐标  Z坐标
        Lines;        %线  格式:编号  节点编号1  节点编号2
        Linesec;      %线横截面  格式:编号  宽  高(只表示矩形截面)
        Surfaces;     %面  格式:编号  节点编号1  节点编号2  节点编号3
                         节点编号4
        Surfacesec;   %面横截面  格式:编号  宽  高(只表示矩形截面)
        Constraint;   %约束边界  格式:编号  节点编号  X  Y  Z  UX  UY
                         UZ (1表示约束)
        NodeNo;       %节点数
        LineNo;       %线段数
        SurfaceNo;    %面的数
        Mass;         %质量分布(未来修改)
    end

    methods
        function obj=Model()
            obj.Nodes=[] ;
            obj.Lines=[];
            obj.Linesec=[];
            obj.Surfaces=[];
            obj.Surfacesec=[];
```

```
            obj.Mass=[];

        end
        function obj=Show(obj)
            disp(obj.Nodes)
        end
    end
end
```

7.1.3 创建工况对象

```
classdef Measurement<handle
    properties (SetAccess=public)
        Name;                    %测试数据的名称
        Description;             %测试数据的说明
        Connected;               %是否是有效的数据 true or false
        ChannelNo;               %通道数量
        ChannelData;             %通道数据
        SamplingRate;            %采样频率

    end

    methods
        function obj=Measurement(channelno)
            obj.Name=[];
            obj.Description=[];
            obj.Connected=[];
            obj.ChannelNo=[];
            obj.SamplingRate=[];
            switch nargin
                case 1
                    ref(channelno)=Channel();
                    obj.ChannelData=ref;
                    obj.ChannelNo=channelno;
                otherwise
                    obj.ChannelData=Channel();
                    obj.ChannelNo=1;
```

```
            end
        end

        function obj=Show(obj)
            disp(obj.Description)
        end
    end
end
```

7.1.4　创建通道对象

```
classdef Channel<handle
    properties (SetAccess=public)
        Name;                    %测试数据的名称
        SignalType;              %Input or Output
        Connected;               %是否是有效的数据 true or false
        MeasurementType;         %Displacement, Velocity or Acceleration
        MeasurementUnit;         %单位
        SamplingRate;            %采样频率
        Factor=1.0;              %放大系数
        Location;                %节点序号
        Xdirection;              %方向 true or false
        Ydirection;              %方向 true or false
        Zdirection;              %方向 true or false
        Reference;               %是否为参考点 true or false
        Data;                    %时程数据
    end

    methods
        function obj=Channel()    %构造函数
            obj.Name=[];
        end

        function fh=Plot(obj)     %绘出该通道的数据
            fh=figure;
            step=size(obj.Data,1);
            interval=1/obj.SamplingRate;
```

```
            time=0:interval:(step-1)*interval;
            plot(time,obj.Data);
            title(['Channel Name: ' obj.Name]);
            xlabel('time (s)');
            ylabel(['obj.MeasurementType' (' obj.MeasurementUnit ')]);

        end
```

%用韦尔奇方法计算两通道数据间的相干函数

%输入量为两通道振动信号(obj1为输入信号,obj2为输出信号),输出量为两信号间相干函数

%窗函数为海明窗

```
        function ft=Coherence(obj1,obj2)
            ft=figure;
            fs=obj1.SamplingRate;    %信号采样频率(两信号采样频率应一致)
            [CoherenceFactor,Frequency]=mscohere(obj1.Data,obj2.
Data,[],[],[],fs);
```

%韦尔奇方法,输出两信号的相干函数和频率向量

```
            plot(Frequency,CoherenceFactor);      %绘出幅值谱
            xlabel('Frequency(Hz)');ylabel('Amplitude');
                                                   %坐标轴名称
            title('Coherence Function Estimate'); %图像名称
            grid on                                %打开网格
        end
    end
end
```

7.1.5 创建对象执行程序

```
clear all
clc
test=Experiment(2);
test.Set('Name','5层钢框架有限元模型');
test.Set('Date','7-23-2017');
test.Set('Owner','同济大学和泉研究室');
test.Set('Description', '模态分析程序验证');
test.Set('Location', '同济大学和泉研究室');
```

```
test.Set('ExperimentType','振动台模型试验');
test.Set('StructureType','钢框架');
test.Set('Material','钢材');
load node.mat;
load line.mat;
load constr.mat
load joint.mat
load response.mat
load ssidresponse.mat
load ssidexitation.mat
test.ModelData.Nodes=node;
test.ModelData.Lines=line;
test.ModelData.Constraint=constr;    %表示固定端
test.ModelData.NodeNo=60;
test.ModelData.LineNo=115;
test.MeasurementData(1).Name='白噪声';
test.MeasurementData(1).Description='白噪声激励工况';
test.MeasurementData(1).Connected=true;
test.MeasurementData(1).ChannelNo=60;
test.MeasurementData(1).SamplingRate=100;
test.MeasurementData(2).Name='地震波';
test.MeasurementData(2).Description='311地震波激励工况';
test.MeasurementData(2).Connected=true;
test.MeasurementData(2).ChannelNo=61;
test.MeasurementData(2).SamplingRate=100;

%test.MeasurementData(1).ChannelData(8)=Channel();
name=cell(1,60);
for i=1:60
    name{i}=['Channel',num2str(i)];
end
for j=1:2:59
    test.MeasurementData(1).ChannelData(j).Name=name{j};
    test.MeasurementData(1).ChannelData(j).SignalType='Output';
    test.MeasurementData(1).ChannelData(j).Connected=true;
    test.MeasurementData(1).ChannelData(j).MeasurementType='Acceleration';
```

```
    test.MeasurementData(1).ChannelData(j).MeasurementUnit='m/s/s';
    test.MeasurementData(1).ChannelData(j).SamplingRate=100;
    test.MeasurementData(1).ChannelData(j).Factor=1;
    test.MeasurementData(1).ChannelData(j).Location=joint(j);
    test.MeasurementData(1).ChannelData(j).Data=response(:,j);
    test.MeasurementData(1).ChannelData(j).Xdirection=false;
    test.MeasurementData(1).ChannelData(j).Ydirection=true;
    test.MeasurementData(1).ChannelData(j).Zdirection=false;
    test.MeasurementData(1).ChannelData(j).Reference=false;
    test.MeasurementData(2).ChannelData(j).Name=name{j};
    test.MeasurementData(2).ChannelData(j).SignalType='Output';
    test.MeasurementData(2).ChannelData(j).Connected=true;
    test.MeasurementData(2).ChannelData(j).MeasurementType='Acceleration';
    test.MeasurementData(2).ChannelData(j).MeasurementUnit='m/s/s';
    test.MeasurementData(2).ChannelData(j).SamplingRate=100;
    test.MeasurementData(2).ChannelData(j).Factor=1;
    test.MeasurementData(2).ChannelData(j).Location=joint(j);
    test.MeasurementData(2).ChannelData(j).Data=ssidresponse(:,j);
    test.MeasurementData(2).ChannelData(j).Xdirection=false;
    test.MeasurementData(2).ChannelData(j).Ydirection=true;
    test.MeasurementData(2).ChannelData(j).Zdirection=false;
    test.MeasurementData(2).ChannelData(j).Reference=false;
end
for j=2:2:60
    test.MeasurementData(1).ChannelData(j).Name=name{j};
    test.MeasurementData(1).ChannelData(j).SignalType='Output';
    test.MeasurementData(1).ChannelData(j).Connected=true;
    test.MeasurementData(1).ChannelData(j).MeasurementType='Acceleration';
    test.MeasurementData(1).ChannelData(j).MeasurementUnit='m/s/s';
    test.MeasurementData(1).ChannelData(j).SamplingRate=100;
    test.MeasurementData(1).ChannelData(j).Factor=1;
    test.MeasurementData(1).ChannelData(j).Location=joint(j);
    test.MeasurementData(1).ChannelData(j).Data=response(:,j);
    test.MeasurementData(1).ChannelData(j).Xdirection=true;
    test.MeasurementData(1).ChannelData(j).Ydirection=false;
    test.MeasurementData(1).ChannelData(j).Zdirection=false;
```

```
    test.MeasurementData(1).ChannelData(j).Reference=false;
    test.MeasurementData(2).ChannelData(j).Name=name{j};
    test.MeasurementData(2).ChannelData(j).SignalType='Output';
    test.MeasurementData(2).ChannelData(j).Connected=true;
    test.MeasurementData(2).ChannelData(j).MeasurementType='Acceleration';
    test.MeasurementData(2).ChannelData(j).MeasurementUnit='m/s/s';
    test.MeasurementData(2).ChannelData(j).SamplingRate=100;
    test.MeasurementData(2).ChannelData(j).Factor=1;
    test.MeasurementData(2).ChannelData(j).Location=joint(j);
    test.MeasurementData(2).ChannelData(j).Data=ssidresponse(:,j);
    test.MeasurementData(2).ChannelData(j).Xdirection=true;
    test.MeasurementData(2).ChannelData(j).Ydirection=false;
    test.MeasurementData(2).ChannelData(j).Zdirection=false;
    test.MeasurementData(2).ChannelData(j).Reference=false;
end
test.MeasurementData(2).ChannelData(61).Name='通道 61';
    test.MeasurementData(2).ChannelData(61).SignalType='Input';
    test.MeasurementData(2).ChannelData(61).Connected=true;
    test.MeasurementData(2).ChannelData(61).MeasurementType='Acceleration';
    test.MeasurementData(2).ChannelData(61).MeasurementUnit='m/s/s';
    test.MeasurementData(2).ChannelData(61).SamplingRate=100;
    test.MeasurementData(2).ChannelData(61).Factor=1;
    test.MeasurementData(2).ChannelData(61).Location=[];
    test.MeasurementData(2).ChannelData(61).Data=ssidexitation;
    test.MeasurementData(2).ChannelData(61).Xdirection=true;
    test.MeasurementData(2).ChannelData(61).Ydirection=false;
    test.MeasurementData(2).ChannelData(61).Zdirection=false;
    test.MeasurementData(2).ChannelData(61).Reference=false;
saveTestExperiment.mat test
```

7.2 频域分析方法

7.2.1 自谱分析

```
function varagout=ChannelAutospec(obj,varagin)
%ChannelAutospec 用韦尔奇方法计算某通道数据的自功率谱
```

```
%Autospectrum=ChannelAutospec(X),X 为某通道振动信号,Autospectrum 为该
信号的自功率谱
%其中,X 为必需的输入量
%[Autospectrum,Frequency]=ChannelAutospec(X,window,noverlap,nfft)
%Frequency 为自功率谱频率向量;window 为窗函数;noverlap 为信号的分段重
叠长度;nfft 为 FFT 的长度
%Autospectrum,Frequency 为可选输出量;window,noverlap,nfft 为可选的
输入量
%window 项若无输入,默认采用汉明窗,窗函数长度为信号长度的 1/8,若信号不能
被 8 整除,程序会自动截断信号
%noverlap 项若无输入,默认分段重叠长度为每段信号长度的 50%
%nfft 项若无输入,默认取 256 和分段信号长度最接近的较大的 2 次幂整数中的较
大值
%Copyright 2016 Vibcon Lab, Tongji University
narginchk(1,4)                %最少的输入变量为 1 个,最多的输入变量为 4
个,其中必须有 1 个输入变量,其他为可选变量
nargoutchk(0,2)               %最少的输出变量为 0 个,最多的输出变量为 2
个,均为可选变量
fs=obj.SamplingRate;          %信号采样频率
switch nargin
    case 1                    %可选输入量均为默认量
        [Autospectrum,Frequency]=pwelch(obj.Data,[],[],[],fs);
%韦尔奇方法,输出信号的自功率谱和频率向量
        Autospectrum=mag2db(Autospectrum);
                              %将自功率谱幅值转换为分贝
    case 2                    %窗函数自选,其余可选输入量为默认量
        [Autospectrum,Frequency]=pwelch(obj.Data,varagin{1},[],
[],fs);                       %韦尔奇方法,输出信号的自功率谱和频率向量
        Autospectrum=mag2db(Autospectrum);  %将自功率谱幅值转换为分贝
    case 3          %窗函数,信号分段重叠长度自选,其余可选输入量为默认量
        [Autospectrum,Frequency]= pwelch (obj.Data,varagin{1},
varagin{2},[],fs);            %韦尔奇方法,输出信号的自功率谱和频率向量
        Autospectrum=mag2db(Autospectrum);    %将自功率谱幅值转换为分贝
    case 4                              %所有可选输入量均为自选
        [Autospectrum,Frequency]= pwelch (obj.Data,varagin{1},
varagin{2},varagin{3},fs);    %韦尔奇方法,输出信号的自功率谱和频率向量
```

```
        Autospectrum=mag2db(Autospectrum);        %将自功率谱幅值转换为分贝
    end
    switch nargout
        case 0                                    %只输出自功率谱图形
            plot(Frequency,Autospectrum);         %绘出自功率谱
            xlabel('Frequency(Hz)');ylabel('Amplitude(db)');    %坐标轴名称
            title('Power Spectral Density Estimate');           %图像名称
            grid on                               %打开网格
        case 1                                    %输出自功率谱,并保存自功率谱数据
            plot(Frequency,Autospectrum);                       %绘出自功率谱
            xlabel('Frequency(Hz)');ylabel('Amplitude(db)');    %坐标轴名称
            title('Power Spectral Density Estimate');           %图像名称
            grid on                               %打开网格
            save Autospectrum.mat Autospectrum    %保存自功率谱数据
            varagout{1}=Autospectrum;
        case 2                        %输出自功率谱,并保存自功率谱及其频率向量数据
            plot(Frequency,Autospectrum);                       %绘出自功率谱
            xlabel('Frequency(Hz)');ylabel('Amplitude(db)');    %坐标轴名称
            title('Power Spectral Density Estimate');           %图像名称
            grid on                               %打开网格
            save Autospectrum.mat Autospectrum Frequency
                                     %保存自功率谱及其频率向量数据
            varagout{1}=Autospectrum;varagout{2}=Frequency;
    end
end
```

7.2.2　互谱分析

```
function varagout=ChannelCrossspec(obj1,obj2,varagin)
%ChannelCrossspec用韦尔奇方法计算两通道数据的互功率谱
%Crossspectrum=ChannelCrossspec(obj1,obj2),obj1,obj2分别为某通
道振动信号,Crossspectrum为两信号间的互功率谱
%其中,obj1,obj2为必需的输入量
%[Crossspectrum, Frequency]= ChannelAutospec(obj1, obj2, window,
noverlap,nfft)
%Frequency为互功率谱频率向量;window为窗函数;noverlap为信号的分段重
叠长度;nfft为FFT的长度
```

```
%Crossspectrum,Frequency 为可选输出量;window,noverlap,nfft 为可选
的输入量
%window 项若无输入,默认采用汉明窗,窗函数长度为信号长度的 1/8,若信号不能
被 8 整除,程序会自动截断信号
%noverlap 项若无输入,默认分段重叠长度为每段信号长度的 50%
%nfft 项若无输入,默认取 256 和分段信号长度最接近的较大的 2 次幂整数中的较
大值
%Copyright 2016 Vibcon Lab, Tongji University
narginchk(2,5)              %最少的输入变量为 2 个,最多的输入变量为 5 个,其
中必须有 2 个输入变量,其他为可选变量
nargoutchk(0,2)            %最少的输出变量为 0 个,最多的输出变量为 2 个,均
为可选变量
fs=obj1.SamplingRate;   %信号采样频率(两信号采样频率应一致)
switch nargin
    case 2              %可选输入量均为默认量
        [Crossspectrum,Frequency]=cpsd(obj1.Data,obj2.Data,[],
[],[],fs);              %韦尔奇方法,输出两信号的互功率谱和频率向量
    case 3              %窗函数自选,其余可选输入量为默认量
        [Crossspectrum,Frequency]=cpsd(obj1.Data,obj2.Data,
varagin{1},[],[],fs);      %韦尔奇方法,输出两信号的互功率谱和频率向量
    case 4          %窗函数,信号分段重叠长度自选,其余可选输入量为默认量
        [Crossspectrum,Frequency]=cpsd(obj1.Data,obj2.Data,
varagin{1},varagin{2},[],fs);  %韦尔奇方法,输出两信号的互功率谱和频率向量
    case 5              %所有可选输入量均为自选
        [Crossspectrum,Frequency]=cpsd(obj1.Data,obj2.Data,
varagin{1},varagin{2},varagin{3},fs);      %韦尔奇方法,输出两信号的互
功率谱和频率向量
    end
    switch nargout
    case 0                                      %只输出互功率谱图形
        subplot(2,1,1);
        plot(Frequency,angle(Crossspectrum));          %绘出相位谱
        xlabel('Frequency(Hz)');ylabel('Phase');
                                                    %坐标轴名称
        title('Phase of Cross Power Spectral Density Estimate');
                                                    %图像名称
```

```
    grid on                                            %打开网格
    subplot(2,1,2);
    plot(Frequency,mag2db(abs(Crossspectrum)));        %绘出幅值谱
    xlabel('Frequency(Hz)');ylabel('Amplitude(db)');
                                                       %坐标轴名称
    title('Amplitude of Cross Power Spectral Density Estimate');
                                                       %图像名称
    grid on                                            %打开网格
case 1                                    %输出互功率谱,并保存自功率谱数据
    subplot(2,1,1);
    plot(Frequency,angle(Crossspectrum));              %绘出相位谱
    xlabel('Frequency(Hz)');ylabel('Phase');
                                                       %坐标轴名称
    title('Phase of Cross Power Spectral Density Estimate');
                                                       %图像名称
    grid on                                            %打开网格
    subplot(2,1,2);
    plot(Frequency,mag2db(abs(Crossspectrum)));        %绘出幅值谱
    xlabel('Frequency(Hz)');ylabel('Amplitude(db)');
                                                       %坐标轴名称
    title('Amplitude of Cross Power Spectral Density Estimate');
                                                       %图像名称
    grid on                                            %打开网格
    save Crossspectrum.mat Crossspectrum        %保存互功率谱数据
    varagout{1}=Crossspectrum;
case 2                              %输出互功率谱,并保存互功率谱及其频率向量数据
    subplot(2,1,1);
    plot(Frequency,angle(Crossspectrum));              %绘出相位谱
    xlabel('Frequency(Hz)');ylabel('Phase');
                                                       %坐标轴名称
    title('Phase of Cross Power Spectral Density Estimate');
                                                       %图像名称
    grid on                                            %打开网格
    subplot(2,1,2);
    plot(Frequency,mag2db(abs(Crossspectrum)));        %绘出幅值谱
```

```
        xlabel('Frequency(Hz)');ylabel('Amplitude(db)');
                                                        %坐标轴名称
        title('Amplitude of Cross Power Spectral Density Estimate');
                                                        %图像名称
        grid on                                         %打开网格
        save Crossspectrum.mat Crossspectrum
                                                %保存互功率谱数据
        save Frequency.mat Frequency
                                                %保存频率向量数据
        varagout{1}=Crossspectrum;varagout{2}=Frequency;
    end
end
```

7.2.3 频响函数分析

```
function varagout=ChannelFRF(obj1,obj2,varagin)
%ChannelFRF 用韦尔奇方法计算两通道数据的频响函数
%FrequencyResponse=ChannelFRF(obj1,obj2),obj1,obj2 分别为某通道振
动信号,FrequencyResponse 为两信号间的频响函数
%obj1,obj2 为必需的输入量,其中 obj1 为输入信号,obj2 为输出信号
%[FrequencyResponse, Frequency] = ChannelFRF (obj1, obj2, window,
noverlap,nfft)
%Frequency 为自功率谱频率向量;window 为窗函数;noverlap 为信号的分段重
叠长度;nfft 为 FFT 的长度
%FrequencyResponse,Frequency 为可选输出量;window,noverlap,nfft 为
可选的输入量
%window 项若无输入,默认采用汉明窗,窗函数长度为信号长度的 1/8,若信号不能
被 8 整除,程序会自动截断信号
%noverlap 项若无输入,默认分段重叠长度为每段信号长度的 50%
%nfft 项若无输入,默认取 256 和分段信号长度最接近的较大的 2 次幂整数中的较
大值
%Copyright 2016 Vibcon Lab, Tongji University
narginchk(2,5)                  %最少的输入变量为 2 个,最多的输入变量为 5 个,
其中必须有 2 个输入变量,其他为可选变量
nargoutchk(0,2)                 %最少的输出变量为 0 个,最多的输出变量为 2 个,
均为可选变量
fs=obj1.SamplingRate;           %信号采样频率(两信号采样频率应一致)
```

```
    switch nargin
        case 2                              %可选输入量均为默认量
            [FrequencyResponse,Frequency]=tfestimate(obj1.Data,obj2.
Data,[],[],[],fs);              %韦尔奇方法,输出两信号的频响函数和频率向量
        case 3                        %窗函数自选,其余可选输入量为默认量
            [FrequencyResponse,Frequency]=tfestimate(obj1.Data,obj2.
Data,varagin{1},[],[],fs);    %韦尔奇方法,输出两信号的频响函数和频率向量
        case 4          %窗函数,信号分段重叠长度自选,其余可选输入量为默认量
            [FrequencyResponse,Frequency]=tfestimate(obj1.Data,obj2.
Data,varagin{1},varagin{2},[],fs);
                                 %韦尔奇方法,输出两信号的频响函数和频率向量
        case 5                                     %所有可选输入量均为自选
            [FrequencyResponse,Frequency]=tfestimate(obj1.Data,obj2.
Data,varagin{1},varagin{2},varagin{3},fs);
                                 %韦尔奇方法,输出两信号的频响函数和频率向量
    end
    switch nargout
        case 0                                       %只输出频响函数图形
            subplot(2,1,1);
            plot(Frequency,angle(FrequencyResponse));     %绘出相位谱
            xlabel('Frequency(Hz)');ylabel('Phase');
                                                         %坐标轴名称
            title('Phase of Frequency Response Function Estimate');
                                                         %图像名称
            grid on
                                                         %打开网格
            subplot(2,1,2);
            plot(Frequency,mag2db(abs(FrequencyResponse)));
                                                         %绘出幅值谱
            xlabel('Frequency(Hz)');ylabel('Amplitude(db)');
                                                         %坐标轴名称
            title('Amplitude of Frequency Response Function Estimate');
                                                         %图像名称
            grid on
                                                         %打开网格
        case 1                       %输出频响函数,并保存频响函数数据
```

```
subplot(2,1,1);
plot(Frequency,angle(FrequencyResponse));          %绘出相位谱
xlabel('Frequency(Hz)');ylabel('Phase');
                                                   %坐标轴名称
title('Phase of Frequency Response Function Estimate');
                                                   %图像名称
grid on
                                                   %打开网格
subplot(2,1,2);
plot(Frequency,mag2db(abs(FrequencyResponse)));
                                                   %绘出幅值谱
xlabel('Frequency(Hz)');ylabel('Amplitude(db)');
                                                   %坐标轴名称
title('Amplitude of Frequency Response Function Estimate');
                                                   %图像名称
grid on
                                                   %打开网格
save FrequencyResponse.mat FrequencyResponse
                                      %保存频响函数谱数据
varagout{1}=FrequencyResponse;
case 2              %输出频响函数图形,并保存频响函数及其频率向量数据
subplot(2,1,1);
plot(Frequency,angle(FrequencyResponse));          %绘出相位谱
xlabel('Frequency(Hz)');ylabel('Phase');           %坐标轴名称
title('Phase of Frequency Response Function Estimate');
                                                   %图像名称
grid on                                            %打开网格
subplot(2,1,2);
plot(Frequency,mag2db(abs(FrequencyResponse)));
                                                   %绘出幅值谱
xlabel('Frequency(Hz)');ylabel('Amplitude(db)');
                                                   %坐标轴名称
title('Amplitude of Frequency Response Function Estimate');
                                                   %图像名称
grid on                                            %打开网格
```

```
save FrequencyResponse.mat FrequencyResponse Frequency
                                        %保存频响函数谱数据
        varagout{1}=FrequencyResponse;varagout{2}=Frequency;
    end
    end
```

7.2.4 相干函数分析

```
function varagout=ChannelCoherence(obj1,obj2,varagin)
%ChannelCoherence 用韦尔奇方法计算两通道数据的相干函数
%CoherenceFactor=ChannelCoherence(obj1,obj2),obj1,obj2 分别为某
通道振动信号,CoherenceFactor 为两信号间的相干函数
%其中,obj1,obj2 为必需的输入量
% [CoherenceFactor, Frequency] = ChannelCoherence (obj1, obj2,
window,noverlap,nfft)
%Frequency 为自功率谱频率向量;window 为窗函数;noverlap 为信号的分段重
叠长度;nfft 为 FFT 的长度
%CoherenceFactor,Frequency 为可选输出量;window,noverlap,nfft 为可
选的输入量
%window 项若无输入,默认采用汉明窗,窗函数长度为信号长度的 1/8,若信号不能
被 8 整除,程序会自动截断信号
%noverlap 项若无输入,默认分段重叠长度为每段信号长度的 50%
%nfft 项若无输入,默认取 256 和分段信号长度最接近的较大的 2 次幂整数中的较
大值
%Copyright 2016 Vibcon Lab, Tongji University
narginchk(2,5)              %最少的输入变量为 2 个,最多的输入变量为 5 个,
其中必须有 2 个输入变量,其他为可选变量
nargoutchk(0,2)             %最少的输出变量为 0 个,最多的输出变量为 2 个,
均为可选变量
fs=obj1.SamplingRate;       %信号采样频率(两信号采样频率应一致)
switch nargin
    case 2                  %可选输入量均为默认量
        [CoherenceFactor, Frequency] = mscohere (obj1. Data, obj2.
Data,[],[],[],fs);          %韦尔奇方法,输出两信号的相干函数和频率向量
    case 3                  %窗函数自选,其余可选输入量为默认量
        [CoherenceFactor, Frequency] = mscohere (obj1. Data, obj2.
Data,varagin{1},[],[],fs);  %韦尔奇方法,输出两信号的相干函数和频率向量
```

```
    case 4              %窗函数,信号分段重叠长度自选,其余可选输入量为默认量
        [CoherenceFactor,Frequency]=mscohere(obj1.Data,obj2.
Data,varagin{1},varagin{2},[],fs);              %韦尔奇方法,输出两信号的相干
函数和频率向量
    case 5              %所有可选输入量均为自选
        [CoherenceFactor,Frequency]=mscohere(obj1.Data,obj2.
Data,varagin{1},varagin{2},varagin{3},fs);
                                    %韦尔奇方法,输出两信号的相干函数和频率向量
end
switch nargout
    case 0                                      %只输出相干函数图形
        plot(Frequency,CoherenceFactor);              %绘出幅值谱
        xlabel('Frequency(Hz)');ylabel('Amplitude');
                                                    %坐标轴名称
        title('Coherence Function Estimate');
                                                    %图像名称
        grid on                                  %打开网格
    case 1                              %输出相干函数,并保存相干函数数据
        plot(Frequency,CoherenceFactor);              %绘出幅值谱
        xlabel('Frequency(Hz)');ylabel('Amplitude');
                                                    %坐标轴名称
        title('Coherence Function Estimate');
                                                    %图像名称
        grid on                                  %打开网格
        save CoherenceFactor.mat CoherenceFactor
                                                %保存相干函数数据
        varagout{1}=CoherenceFactor;
    case 2                      %输出相干函数,并保存相干函数及其频率向量数据
        plot(Frequency,CoherenceFactor);              %绘出幅值谱
        xlabel('Frequency(Hz)');ylabel('Amplitude');
                                                    %坐标轴名称
        title('Coherence Function Estimate');         %图像名称
        grid on                                  %打开网格
        save CoherenceFactor.mat CoherenceFactor Frequency
                                                %保存相干函数数据
        varagout{1}=CoherenceFactor;varagout{2}=Frequency;
```

```
end
end
```

7.2.5 试验模态分析:随机子空间方法

```
function[Frq,Mode,DampingRatio]=MeasurementSSID( obj,varargin)
```

```
%MeasurementSSID 用随机子空间方法(SSID)识别系统模态参数
%obj 为某一工况中的输入输出时程
%varagin 可变输入量,可选择识别模型的阶数,不输入情况下,默认在 1~10 阶次
内选择识别效果最佳的阶次
%Frq 为自振频率及其位置,Mode 为振型矩阵,DampingRatio 为各阶振型阻尼比
向量,均为必需的输出量
%Copyright 2016 Vibcon Lab, Tongji University
```

```
%%检查输入输出数目
narginchk(1,2)                    %最少的输入变量为 1 个,最多的输入变量为 2 个,其
中 1 个为必需的输入变量,1 个为可选输入变量
nargoutchk(3,3)                   %最少的输出变量为 3 个,最多的输出变量为 3 个
```

```
%%建立识别模型
dt=1/obj.SamplingRate;                                      %时程采样间隔
for i=1:size(obj.ChannelData,2)-1
    Response(:,i)=obj.ChannelData(1,i).Data;               %从工况中提取响应时程
end
Excitation=obj.ChannelData(1,end).Data;                    %从工况中提取输入激励
Stru=iddata(Response,Excitation,dt);                       %建立待识别的数据模型
```

```
%%用随机子空间方法识别离散时间状态空间模型
switch nargin
    case 1
        Model=n4sid(Stru,'best');
    case 2
        Model=n4sid(Stru,varargin{1});
end
```

```
%%识别系统的自振频率、模态和阻尼比
```

```
[V,D]=eig(Model.A);                          %对系统矩阵进行特征值分解
Eigenvalue=diag(log(diag(D)))./dt;           %求连续时间系统的特征值矩阵
Frq=abs(diag(Eigenvalue));                   %求振动结构的自振频率
DampingRatio=-real(diag(Eigenvalue))./Frq;   %求振动结构的阻尼比
Mode=abs(Model.C*V);                         %求振动结构的振型
Frq=Frq/(2*pi);

%%舍弃共轭模态参数
Frq=Frq(1:2:end-1);
DampingRatio=DampingRatio(1:2:end-1);
Mode=Mode(:,1:2:end-1);

%%对识别结果进行排序
[Frq,index]=sort(Frq);
DampingRatio=DampingRatio(index);
Mode=Mode(:,index);

%%展示模态识别结果
nDOF=size(Mode,1);                                    %自由度
figure(1)
legend_str=cell(1,size(Mode,2));
for i=1:size(Mode,2)
    Mode(:,i)=Mode(:,i)/Mode(1,i);                    %规范化振型
    plot(Mode(:,i),1:nDOF,'linewidth',2,'Marker','.','Markersize',30);
    holdon
    legend_str{i}=[num2str(i),'th mode'];
end
grid on
set(gca,'ytick',0:1:nDOF);
legend(legend_str);
ylabel('Degree of Freedom');title('Diagram of the Mode');
end
```

7.2.6 运行模态分析:频域空间域分析

```
function[Output]=MeasurementFDD(obj,ModeNo,varargin)
%MeasurementFDD用频域分解法(FDD)识别系统模态参数
```

```
%[Frq,Mode,DampingRatio]=MeasurementFDD(obj,ModeNo)
%obj 为某一工况的振动响应,ModeNo 为需要得到的振型数目,均为必需的输入量
%Frq 为自振频率及其位置,Mode 为振型矩阵,DampingRatio 为各阶振型阻尼比
向量,均为必需的输出量
% [Frq, Mode, DampingRatio, EFrq] = MeasurementFDD (obj, ModeNo,
window,noverlap,nfft)
%EFrq 为用频域空间域分解得到的自振频率,为可选输出量
%window 为窗函数,noverlap 为信号的分段重叠长度,nfft 为 FFT 的长度,均为
可选输入量
%window 项若无输入,默认采用汉明窗,窗函数长度为信号长度的 1/8,若信号不能
被 8 整除,程序会自动截断信号
%noverlap 项若无输入,默认分段重叠长度为每段信号长度的 50%
%nfft 项若无输入,默认取 256 和分段信号长度最接近的较大的 2 次幂整数中的较
大值
%Copyright 2016 Vibcon Lab, Tongji University


%%输入指定
t1=datetime('now');tic;
p=inputParser();
Res=obj.ChannelData;
p.addParameter('window',hanning(round(numel(Res(1,1).Data)/8)));
p.addParameter('noverlap',round(numel(Res(1,1).Data)/16));
p.addParameter('nfft',max(256,2^(nextpow2(numel(Res(1,1).Data)/8))));
p.addParameter('PickMethod','auto');
p.addParameter('ModeNormalization',1);
p.addParameter('CurvePlotting',0);
p.addParameter('DampEstMethod','auto');
p.parse(varargin{:});


%%简化变量名 && 检查输入错误
window=p.Results.window;
noverlap=p.Results.noverlap;
nfft=p.Results.nfft;
PickMethod=p.Results.PickMethod;
ModeNormalization=p.Results.ModeNormalization;
CurvePlotting=p.Results.CurvePlotting;
```

```
DampEstMethod=p.Results.DampEstMethod;
if isempty(window)                %检查窗函数输入
    warning('未指定窗函数类型,默认采用汉明窗');
    window=hanning(round(numel(Res(1,1).Data)/8));
end
if isempty(noverlap)              %检查信号分段重叠长度输入
    warning('未指定信号分段重叠长度,默认采用 50%的重叠长度');
    noverlap=round(numel(window)/2);
end
if isempty(nfft)                  %检查快速傅里叶变换长度输入
    warning('未指定快速傅里叶变换长度,默认采用 256 和分段信号长度最接近
的较大的 2 次幂整数中的较大值');
    nfft=max(256,2^(nextpow2(numel(Res(1,1).Data)/8)));
end
if isempty(ModeNormalization)
    warning('未指定是否对模态形状进行标准化,默认输出标准化模态');
    ModeNormalization=1;
end
if isempty(CurvePlotting)
    warnig('未指定是否画出奇异值曲线,默认不画,若要画,最多输出前 10 阶奇
异值曲线');
    CurvePlotting=0;
end
if~ strcmpi(PickMethod, 'auto') &&~ strcmpi(PickMethod, 'manual')
&&~ strcmpi(PickMethod,'hybrid')
    error('指定峰值拾取方法错误,可以用 auto 指定自动识别方法,用 manual
指定手动拾取方法,默认采用自动拾取方法')
end
if~ strcmpi(DampEstMethod,'auto')&&~ strcmpi(DampEstMethod,'manual')
    error('指定阻尼比识别方法错误,可以用 auto 指定自动识别方法,可以用
manual 指定手动识别方法,默认采用自动识别方法');
end
%%计算各通道响应的互功率谱
Fs=obj.SamplingRate;          %时程数据的采样频率
ChannelNo=size(obj.ChannelData,2);
for i=1:ChannelNo
```

```
        for j=1:ChannelNo
            [PSD(i,j,:),F]=cpsd(Res(1,i).Data,Res(1,j).Data,window,
noverlap,nfft,Fs);
        end
    end                %计算各通道之间的互功率谱
    Frequencies(:,1)=F;
    SingularValue=zeros(size(PSD,2),size(PSD,3));
    for i=1:size(PSD,3)
        [~,s,~]=svd(PSD(:,:,i));              %对功率谱矩阵进行奇异值分解
        SingularValue(:,i)=diag(s);           %计算奇异值
    end

    %%绘出奇异值随频率的变化曲线
    if CurvePlotting==1
        figure
        legend_str=cell(1,max(10,ChannelNo));
        for i=1:max(10,ChannelNo)
            plot(Frequencies,mag2db(SingularValue(i,:)));
            holdon
            legend_str{i}=[num2str(i),'th singularvalue'];
        end
        xlabel('Frequency (Hz)');
        ylabel('Singular values of the PSD matrix (db)');
        legend(legend_str)
    end

    %%峰值拾取
    if strcmpi(PickMethod,'auto')
        Fp=pickpeaks(SingularValue(1,:),Frequencies,ModeNo,1);
    elseif strcmpi(PickMethod,'manual')
        Fp=manualPickPeak(SingularValue(1,:),ModeNo,Frequencies);
    elseif strcmpi(PickMethod,'hybrid')
        [ModeNo,Fp]=HybridPickPeak(SingularValue(1,:),Frequencies,
ModeNo);
    end
    Frq=Fp(:,2);
```

```matlab
%%在极值点处计算振型
Mode=zeros(ChannelNo,ModeNo);
for i=1:ModeNo
    [ug, ~, ~]=svd(PSD(:,:,Fp(i,1)));
    Mode(:,i)=real(ug(:,1));                    %计算振型
    if ModeNormalization==1
        Mode(:,i)=Mode(:,i)./Mode(1,i);         %规范化振型
    end
end


%%阻尼比识别
if  strcmpi(DampEstMethod,'manual')
    DampingRatio=DampEst(PSD,Fp,ModeNo,Frequencies,Mode,'manul');
end
if strcmpi(DampEstMethod,'auto')
    DampingRatio=DampEst(PSD,Fp,ModeNo,Frequencies,Mode,'auto');
end
sto=toc;


%%形成输出对象
Output=OutputInfo(ModeNo);
Output.Set('ExperimentName','5层钢框架有限元模型');
Output.Set('Date',t1)
Output.Time=sto;
Output.Set('Owner','和泉研究室');
Output.MethodData.MethodName='FDD';
Output.MethodData.ModeNo=ModeNo;
Output.MethodData.Window=window;
Output.MethodData.Noverlap=noverlap;
Output.MethodData.Nfft=nfft;
Output.MethodData.PickMethod=PickMethod;
Output.MethodData.ModeNormalization=ModeNormalization;
Output.MethodData.CurvePlotting=CurvePlotting;
Output.MethodData.DampEstMethod=DampEstMethod;
Output.MethodData.ModelOrder=[];
```

```
Output.ModeData.Frequency=Frq;
Output.ModeData.ModeDisplacement=Mode;
Output.ModeData.DampingRatio=DampingRatio;
```

%%峰值自动拾取函数

```
function[Fp]=pickpeaks(V,x,select)
    V=V(:)-min((V(:)));
    n=length(V);
    buffer=zeros(n,1);
    criterion=zeros(n,1);
    if select<1
        minDist=n/20;
    else
        minDist=n/select;
    end
    horizons=unique(round(logspace(0,2,50)/100*ceil(n/20)));
    Vorig=V;
    tempMat=zeros(n,3);
    tempMat(1,1)=inf;
    tempMat(end,3)=inf;
    for is=1:length(horizons)
        horizon=horizons(is);
        if horizon>1
            w=max(eps,sin(2*pi*(0:(horizon-1))/2/(horizon-1)));
            w=w/sum(w);
            V=real(ifft(fft(V(:),n+horizon).*fft(w(:),n+horizon)));
            V=V(1+ floor(horizon/2):end-ceil(horizon/2));
        end
        tempMat(2:end,1)=V(1:end-1);
        tempMat(:,2)=V(:);
        tempMat(1:end-1,3)=V(2:end);
        [~,posMax]=max(tempMat,[],2);
        I=find(posMax==2);
        I=I(:);
        newBuffer=zeros(size(buffer));
        if is==1
```

```
            newBuffer(I)=Vorig(I);
        else
            old=find(buffer);
            old=old(:)';
            if isempty(old)
                continue;
            end
            [c,q]=sort(old);
            [~,ic]=histc(I,[-inf,(c(1:end-1)+c(2:end))/2,inf]);
            iOld=q(ic);
            d=abs(I-old(iOld));
            neighbours=iOld(d<minDist);
            if ~isempty(neighbours)
                newBuffer(old(neighbours))=V(old(neighbours))*is^2;
            end
        end
        buffer=newBuffer;
        criterion=criterion + newBuffer;
    end
    criterion=criterion/max(criterion);
    if select<1
        peaks=find(criterion> select);
    else
        [~,order]=sort(criterion,'descend');
        peaks=order(1:select);
    end
    Fp=[peaks x(peaks)];
    Fp=sort(Fp,1);
    plot(x,mag2db(Vorig));
    hold on
scatter(peaks,mag2db(Vorig(peaks)),'MarkerEdgeColor','b',
'MarkerFaceColor','b')
    grid on
    title('峰值点拾取结果','FontSize',16);
end
```

%%峰值点手动拾取函数

```matlab
function[Fp]=manualPickPeak(y,No,x)
    disp('请用十字光标框选共振峰值点,按空格键确认进行下一个峰值点选择')
    disp('如果选择错误,按任意其他键,重新选择')
    Fp=[];
    k=0;
    y=mag2db(y);
    while k ~=No
        A=getrect(figure(2));                        %在图像上框选峰值范围
        [~,P1]=min(abs(x-A(1)));
        [~,P2]=min(abs(x-(A(1)+A(3))));
        [~,B]=max(y(P1:P2));
        Max=B+P1-1;                                   %找到峰值点对应的频率位置
        scatter(x(Max),y(Max),'MarkerEdgeColor',…,
            'b','MarkerFaceColor','b')
                                                      %对选定的峰值点进行标记(蓝色)
        pause;key=get(gcf,'CurrentKey');
        Fp(end+1,:)=[Max,x(Max)];
        if strcmp(key,'space')
                                                      %按空格键确认对该峰值点的选取
            k=k+1;
            scatter(x(Max),y(Max),'MarkerEdgeColor',…
                'g','MarkerFaceColor','g')
                                                      %将已经确认选取的峰值点用绿色标记
        else                          %按空格键外的任意键取消已经选定的峰值点
            Fp(end,:)=[];
            scatter(x(Max),y(Max),'MarkerEdgeColor',…
            'r','MarkerFaceColor','r');
                                                      %将取消选定的峰值点标记为红色
        end
    end

    %%对已经选择好的峰值点进行排序
    [~,Sr]=sort(Fp(:,2));
    Fp=Fp(Sr,:);
```

```
        clf
        plot(x,y)                 %重新绘制平均奇异值曲线图
        hold on
        xlabel('Frequency (Hz)')
        ylabel('Singular values of the PSD matrix (db)')
        for I=1:size(Fp,1)
            scatter(Fp(I,2),y(Fp(I,1)),'MarkerEdgeColor',…
            'g','MarkerFaceColor','g')
            text(Fp(I,2), y(Fp(I,1))*1.05, mat2str(I))        %将重
新排序好的峰值点用数字序号在图像上加以说明
        end
    end


%%峰值点混合拾取方法
    function[ModeNo,Fp]=HybridPickPeak(V,x,select)
        V=V(:)-min((V(:)));
        n=length(V);
        buffer=zeros(n,1);
        criterion=zeros(n,1);
        if select<1
            minDist=n/20;
        else
            minDist=n/select;
        end
        horizons=unique(round(logspace(0,2,50)/100*ceil(n/20)));
        Vorig=V;
        tempMat=zeros(n,3);
        tempMat(1,1)=inf;
        tempMat(end,3)=inf;
        for is=1:length(horizons)
            horizon=horizons(is);
            if horizon > 1
                w=max(eps,sin(2*pi*(0:(horizon-1))/2/(horizon-1)));
                w=w/sum(w);
                V=real(ifft(fft(V(:),n+horizon).*fft(w(:),n+horizon)));
                V=V(1+ floor(horizon/2):end-ceil(horizon/2));
```

```
            end
            tempMat(2:end,1)=V(1:end-1);
            tempMat(:,2)=V(:);
            tempMat(1:end-1,3)=V(2:end);
            [~,posMax]=max(tempMat,[],2);
            I=find(posMax==2);
            I=I(:)';
            newBuffer=zeros(size(buffer));
            if is==1
                newBuffer(I)=Vorig(I);
            else
                old=find(buffer);
                old=old(:)';
                if isempty(old)
                    continue;
                end
                [c,q]=sort(old);
                [~,ic]=histc(I,[-inf,(c(1:end-1)+c(2:end))/2,inf]);
                iOld=q(ic);
                d=abs(I-old(iOld));
                neighbours=iOld(d<minDist);
                if ~isempty(neighbours)
                    newBuffer(old(neighbours))=V(old(neighbours))*is^2;
                end
            end
            buffer=newBuffer;
            criterion=criterion+newBuffer;
    end
    criterion=criterion/max(criterion);
    if select<1
        peaks=find(criterion>select);
    else
        [~,order]=sort(criterion,'descend');
        peaks=order(1:select);
    end
    Fp=[peaks x(peaks)];
```

```
figure(1)
plot(x,mag2db(Vorig));
holdon
scatter(x(peaks),mag2db(Vorig(peaks)),'MarkerEdgeColor',…
'b','MarkerFaceColor','b')
grid on
title('峰值点拾取结果','FontSize',16);
disp('是否需要补选峰值点或删除误选峰值点？')
disp('补选峰值点,请按A键;删除误选峰值点,请按D键;无需任何操作,
请按N键')
pause;key=get(gcf,'CurrentCharacter');
while strcmpi(key,'y')
    y=mag2db(Vorig);
    A=getrect(figure(1));%在图像上框选峰值范围
    [~,P1]=min(abs(x-A(1)));
    [~,P2]=min(abs(x-(A(1)+A(3))));
    [~,B]=max(y(P1:P2));
    Max=B+P1-1;            %找到峰值点对应的频率位置
    scatter(x(Max),y(Max),'MarkerEdgeColor',…
      'g','MarkerFaceColor','g')
                            %对选定的峰值点进行标记(蓝色)
    pause;key=get(gcf,'CurrentKey');
    if strcmpi(key,'a')
        scatter(x(Max),y(Max),'MarkerEdgeColor',…
        'y','MarkerFaceColor','y')
    pause;key=get(gcf,'CurrentKey');
    if strcmp(key,'space')    %按空格键确认对该峰值点的选取
        scatter(x(Max),y(Max),'MarkerEdgeColor',…
            'b','MarkerFaceColor','b')
                            %将已经确认选取的峰值点用绿色标记
        Fp(end+1,:)=[Max,x(Max)];
        pause;key=get(gcf,'CurrentKey');
    else                 %按空格键外的任意键取消已经选定的峰值点
        Fp(end,:)=[];
        scatter(x(Max),y(Max),'MarkerEdgeColor',…
        'r','MarkerFaceColor','r');
```

```
                                    %将取消选定的峰值点标记为红色
    end
else strcmpi(key,'d')
    scatter(x(Max),y(Max),'MarkerEdgeColor',…
    'c','MarkerFaceColor','c')
                                    %对选定的峰值点进行标记(黄色)
    pause;key=get(gcf,'CurrentKey');
     if strcmp(key,'space')
                                    %按空格键确认对该峰值点的选取
        scatter(x(Max),y(Max),'MarkerEdgeColor',…
            'r','MarkerFaceColor','r')
                                    %将已经确认选取的峰值点用红色标记
        [~,r]=min(abs(Fp(:,1)-Max));
        Fp(r,:)=[];
    else                    %按空格键外的任意键取消已经选定的峰值点
        Fp(end,:)=[];
        scatter(x(Max),y(Max),'MarkerEdgeColor',…
        'g','MarkerFaceColor','g');
                                    %将取消选定的峰值点标记为红色
    end
    disp('是否需要修改拾取结果？如需继续请按键 y;不需继续补选请
按任意其他键。')
    pause;key=get(gcf,'CurrentKey');
    end
end
clf
Fp=sort(Fp,1);
plot(x,y);
holdon
grid on
title('峰值点拾取结果','FontSize',16);
xlabel('Frequency (Hz)')
ylabel('Singular values of the PSD matrix (db)')
for I=1:size(Fp,1)
    scatter(Fp(I,2),y(Fp(I,1)),'MarkerEdgeColor',…
    'g','MarkerFaceColor','g')
```

```
            text(Fp(I,2),mag2db(V(Fp(I,1)))*1.05,mat2str(I))
                              %将重新排序好的峰值点用数字序号在图像上加以说明
        end
        hold off
        ModeNo=size(Fp,1);
    end
%%阻尼比时域识别函数
%计算增强功率谱函数
    function[DampingRatio]=DampEst(PSD,Fp,ModeNo,Frequencies,
Mode,pro)
        EPSD=zeros(size(PSD,3),ModeNo);
        dth=zeros(ModeNo,1);
        for i=1:ModeNo
            for j=1:size(PSD,3)
                [ug,~,~]=svd(PSD(:,:,Fp(i,1)));
                EPSD(j,i)=ug(:,1)'*PSD(:,:,j)*ug(:,1);     %计算增强 PSD
                dth(i)=Mode(:,i)'*Mode(:,i);
            end
        end
        if strcmpi(pro,'manual')
            for i=1:ModeNo
                figure
                plot(Frequencies,mag2db(EPSD(:,i)))
                holdon
                scatter(Fp(i,2),mag2db(EPSD(Fp(i,1),i)),
                'MarkerEdgeColor',…      %绘制 EPSD 曲线,并标记共振点
                'g','MarkerFaceColor','g')
                title([num2str(i),'阶增强功率谱曲线'])
                xlabel('Frequency (Hz)');
            end

%%选取合适的识别阻尼比的频带
bandwidth=cell(1,ModeNo);          %频带矩阵
bandNo=cell(1,ModeNo);             %频带矩阵对应的频率点序号
disp('请对每一条增强功率谱曲线选择合适的阻尼比的频带')
disp('选择方法是在共振点左右两边各选一个点,程序认为这两点之间的
```

频率点组成了识别阻尼比的频带')

```
        disp('选点方法:在确认选点之前,建议将共振区域放大以便选点,按回车
键确认开始选取,按空格键确认选点完毕,按任意其他键重新选择')
        for i=1:ModeNo
            pause;key=get(gcf,'Currentkey');
            if strcmp(key,'return')
                A=getrect(figure(i+3));
            end
            Leftband(i)=find(Frequencies>A(1),1,'first');
                                                    %频带左边界
            scatter(Frequencies( Leftband(i)),mag2db(EPSD( Leftband
(i),i)),'MarkerEdgeColor',…
        'g','MarkerFaceColor','g')
            pause;key=get(gcf,'CurrentKey');
            if strcmp(key,'return')
                A=getrect(figure(i+3));
            end
            Rightband(i)=find(Frequencies>A(1),1,'first');
                                                    %频带右边界
            scatter(Frequencies( Rightband(i)),mag2db(EPSD( Rightband
(i),i)),'MarkerEdgeColor',…
        'g','MarkerFaceColor','g')
            bandwidth{i}=Frequencies(Leftband(i):Rightband(i));
    %计算频带矩阵
            [~,bandNo{i}]=ismember(bandwidth{i},Frequencies);
            scatter(Frequencies(Leftband(i):Rightband(i)),…
                                    %对所选择的频带进行标记
                mag2db(EPSD(Leftband(i):Rightband(i),i)),…
                'MarkerEdgeColor', 'g','MarkerFaceColor','g')
        end
        end
        if strcmpi(pro,'auto')
            bandwidth=cell(1,ModeNo);
            bandNo=cell(1,ModeNo);
            bandsection=cell(1,ModeNo);
            Threshold=0.8*dth;
```

```
               bandsection{1}=round(0.5*Fp(1,1)):round(0.5*(Fp(2,1)
+Fp(1,1)));
                   bandsection{ModeNo}=round(0.5*(Fp(ModeNo,1)+Fp
(ModeNo-1,1))):round(1.5*(Fp(ModeNo,1)-0.5*Fp(ModeNo-1,1)));
               for i=2:ModeNo-1
                    bandsection{i}=round(0.5*(Fp(i-1,1)+Fp(i,1))):
round(0.5*(Fp(i,1)+Fp(i+1,1)));
               end
               for i=1:ModeNo
                   bandsectionmat=bandsection{i};
                   for j=1:size(bandsectionmat,2)
                       [ug,~,~]=svd(PSD(:,:,bandsectionmat(j)));
                       uj=real(ug(:,1));
                       d{j,i}=(uj/uj(1))'*Mode(:,i);
                   end
               end
               x=cell(1,ModeNo);
               for i=1:ModeNo
                   dmat=cell2mat(d(:,i));
                   [x{i},~,~]=find(dmat>Threshold(i));
                   bandsectionmat=bandsection{i};
                   bandNo{i}=bandsectionmat(x{i})';
                   bandwidth{i}=Frequencies(bandNo{i});
               end
           end
           for j=1:ModeNo
               A_tem=[EPSD(bandNo{j},j),bandwidth{j}.*EPSD(bandNo
{j},j),ones(size(bandwidth{j},1),1)];
               b_tem=-(bandwidth{j}.^2).*EPSD(bandNo{j},j);
               x_tem(:,j)=A_tem\b_tem;
               DampingRatio(j)=real(sqrt(1-(x_tem(2,j))^2/(4*x_tem
(1,j))));              %最小二乘求解极点
           end
       end
   end
```

7.3　创建输出对象

7.3.1　输出对象

```
classdef OutputInfo<handle                      %句柄型类的对象
    properties (SetAccess=public)
        ExperimentName=[];                      %试验名称
        MeasurementID=[];                       %分析工况的编号
        Date=[];                                %分析日期
        Time=[];                                %分析耗时
        Owner=[];                               %分析者
        MethodData=[];                          %分析方法及分析参数
        ModeNo=[];                              %获得的模态阶数
        ModeData=[];                            %模态数据
    end


    methods
        function obj=OutputInfo(modeno)         %构造函数
            obj.ExperimentName=[];
            obj.MeasurementID=[];
            obj.Date=[];
            obj.Owner=[];
            obj.MethodData=Method();

            switch nargin                       %对输入变量的数目进行判别
                case 1
                    temp=Mode(modeno);
                    obj.ModeData=temp;
                    obj.ModeNo=modeno;
                otherwise
                    obj.ModeData=Mode();
                    obj.ModeNo=1;
            end
        end
        function obj=Set(obj,PropertyName,val)  %对变量属性进行赋值
```

```
            switch PropertyName
                case'ExperimentName'
                    obj.ExperimentName=val;
                case'MeasurementID'
                    obj.MeasurementID=val;
                case'Date'
                    obj.Date=val;
                case'Time'
                    obj.Time=val;
                case'Owner'
                    obj.Owner=val;
                case'MethodData'
                    obj.MethodData=val;
                case'ModeNo'
                    obj.ModeNo=val;
                case'ModeData'
                    obj.ModeData=val;
                otherwise
                    disp('No such property name')
            end
        end
    end
end
```

7.3.2 输出模态对象

```
classdef Mode<handle                         %句柄型类的对象
    properties (SetAccess=public)
        Frequency=[];                        %自振频率
        ModeDisplacement=[];                 %振型位移
        DampingRatio=[];                     %振型阻尼比
    end

    methods
        function obj=Mode(modeno)            %构造函数
            obj.Frequency=[];
            obj.ModeDisplacement=[];
```

```
            obj.DampingRatio=[];
        end
    end
end
```

7.3.3　输出方法对象

```
classdef Method<handle                          %句柄型类的对象
    properties (SetAccess=public)
        MethodName=[];                          %分析方法名称
        ModeNo=[];                              %所需模态数量
        Window=[];                              %窗函数类型
        Noverlap=[];                            %信号分段重叠长度
        Nfft=[];                                %FFT 长度
        ModelOrder=[];                          %模型阶数
        PickMethod=[];                          %峰值点拾取方法
        ModeNormalization=[];                   %是否标准化振型
        CurvePlotting=[];                       %是否画出所选峰值点
        DampEstMethod=[];                       %阻尼比估计方法
    end

    methods
        function obj=Method()                   %构造函数
            obj.MethodName=[];
            obj.ModeNo=[];
            obj.Window=[];
            obj.Noverlap=[];
            obj.Nfft=[];
            obj.ModelOrder=[];

        end
    end
end
```